手遊

Mobile Game ⬡ Development

開發

從架構到行銷的
49堂課

永田峰弘、大嶋剛直、福島光輝／著
陳識中／譯

前言

電腦遊戲問世後經過半個世紀，電子遊戲已不再需要在體積巨大的機器上運作，進化成可在人手一支的智慧型手機上輕鬆遊玩的「手機遊戲（mobile game）」。

本書是一張由曾開發過眾多遊戲，且至今依然活躍於開發現場的業界人士所繪製，鉅細彌遺地告訴你一款風靡全球的手機是如何製作出來的「手機遊戲開發地圖」。

本書運用許多插圖，深入淺出地從起點（建立企劃）到終點（發行和營運）介紹了整個手機遊戲開發工作中的各個要點。

在遊戲本體的開發方面，許多內容與家用主機遊戲有相通之處，且針對許多手機遊戲特有的重點，諸如遊戲循環的概念和營運等面向都有獨立的介紹。

儘管本書的內容著重於未來希望進入手機遊戲業界的讀者，但對已在從事獨立開發的年輕創作者，認識整個遊戲開發流程仍有助於使遊戲的開發過程更加流暢。

近年大規模的開發項目逐漸增加，由一名開發者包攬全部工程的情況愈來愈少見。因此認識整個開發流程，體驗完整開發工作的機會也漸漸減少。本書將介紹各式各樣的開發模式和案例，使讀者了解各個工程是如何進行的。相信看過本書的介紹後，將能彌補獨自開發時無法體驗到的環節經驗，並加深對手機遊戲開發與營運工程的理解。

手機遊戲領域是一個隨著手機硬體和通訊技術演進，開發方法也必須不斷更新，時常發生變化的環境。不過，開發的標準流程和哲學在某種程度上已相當穩定。只要確實理解基礎的部分，不論未來如何變化應該都能靈活應對。而在本書各章節中也分享了許多相關的小知識。

希望拿起本書的你能透過本書踏進手機遊戲開發的世界，體驗其中魅力，享受開發一款遊戲的過程。

2021年3月末　著者一同

目次　Contents

第1章
手機遊戲開發的基礎知識

第2章
專案立項

第5章
Beta版與除錯

第6章
發行和營運

第7章
未來的手機遊戲

注意：購買及使用本書前請先詳讀以下文字

第 **1** 章

手機遊戲開發
的基礎知識

本章將粗略介紹開發手機遊戲所需要的知識、術
語、概念、職務以及整體流程。本章就像是這本
書的地圖，藉由掌握宏觀的視角，可以幫助你更
精確地理解後面的內容。接著就讓我們一起推開
手機遊戲開發的大門吧。

01 什麼是手機遊戲開發

手機遊戲（mobile game）泛指針對智慧型手機平台發行，為群眾提供娛樂的遊戲。本節會分析手機遊戲與傳統家用主機遊戲的相似之處和差異，讓大家認識到底什麼是手機遊戲開發。

● 何謂手機遊戲？

本書所指的手機遊戲，指的是**主要針對iPhone和Android等智慧型手機平台發行的遊戲應用程式**。此類遊戲大致可分為2種，包含不需要通信功能，應用程式本身可單獨遊玩的單機型、需要伺服器端和客戶端互相連線才能運作的連線型，而本書主要解說的是連線型手機遊戲。

■單機型和連線型的差異

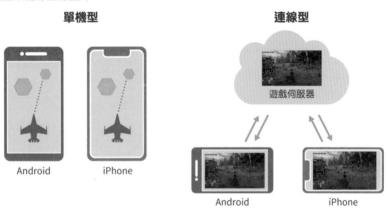

● 手機遊戲的發行方式

一款手機遊戲開發完成後的發行管道會因**目標平台是iPhone還是Android**而有所差異。iPhone的話只能向Apple的App Store申請上架，而Android的話除了在Google的Google play或其他應用市集上架外，也可以透過普通的網站發行。

■手機遊戲的發行管道

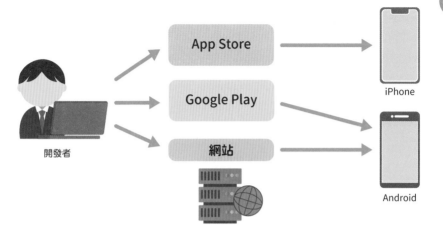

根基與傳統的遊戲開發相同

自電腦遊戲問世以來,隨著遊戲硬體的進化,開發的風格和方法,以及開發工具也有很大的改變,但最根基的部分從未變過。那就是**為玩家提供新的驚喜和體驗,打動玩家**。

儘管本書介紹的是近年主流的開發方法,但筆者相信遊戲開發最根本的理念不論哪個時代都是一樣的。

手機遊戲和家用主機遊戲的最大差異

筆者認為,為玩家設定挑戰,然後以完成1個挑戰為最小單位,把一個個挑戰堆疊起來的集合,就是所謂的遊戲。這個定義不論對實體遊戲還是電子遊戲都適用。不論手機遊戲或者是主機遊戲都包含這項要素,但兩者最大的不同在於**是否存在營運**(當然,主機平台也存在如MMORPG這種需要營運的遊戲,相反地也存在不需要營運的手機遊戲)。

一般的主機遊戲雖然會販賣DLC或擴充包之類的商品，但一款遊戲在上市後開發者就不會再投入太多精力。然而，多數主流手機遊戲在發行後，只要遊戲沒有收掉，就會繼續推出新功能和追加活動。「營運」對於手機遊戲是一個非常重要的元素，也可以說是手機遊戲與主機遊戲最大的不同。

■手機遊戲和主機遊戲最大的不同就是有無營運元素

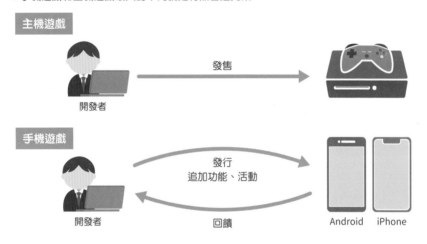

● 以營運為前提的開發流程

　　如同前段所說，營運對於手機遊戲而言非常重要。因此，**從建立企劃的階段開始，就必須提前規劃這款遊戲要如何營運**。如果沒有仔細思考過營運層面就埋頭開發的話，可能會使營運的時間表一直維持緊繃狀態，讓開發成員身心俱疲。考慮到萬一遊戲爆紅的情況，以營運期較開發期更長的可能性來建立企劃是最理想的。

　　稍微離個題，近幾年手機遊戲市場出現了大量基本遊玩免費的F2P（Free to Play）遊戲，其中有很多是以廣告點擊為主要營利模式。如果你的目標是製作這種廣告類遊戲，那麼遊戲本身雖然沒有營運元素，但有時定期調整遊戲中顯示的廣告內容可以提高收益，這部分也可以算是一種營運。

■營運期比遊戲本身的開發期更長

開發期	發行	營運期			
		追加活動1	擴充功能	追加活動2	擴充功能

● 不需要在發行時就完成所有功能

這種說法雖然有點極端，但會爆紅的手機遊戲通常也具有「追劇感」。暫且不論連提供遊玩體驗必須具備的功能都沒做好的情況，多數的手機遊戲都是**先與玩家交流或分析數據找出需求後，再來追加新的功能**。

在遊戲剛發行時只提供簡單的遊戲循環，營造出與玩家共同使這款遊戲變得更好的氣氛，並加入使遊戲社群產生凝聚感的表演，這類的營運手法日趨增加。所謂的手機遊戲開發，可以說除了在開發遊戲體驗外，同時也是在經營社群。

總　結

▷ **手機遊戲就是主要針對智慧型手機平台發行的遊戲程式**

▷ **手機遊戲與主機遊戲最大的不同是存在營運**

▷ **所謂的手機遊戲開發，就是經營遊戲和玩家社群**

02 手機遊戲開發的必要職務

近年手機遊戲的開發規模變得非常巨大,因此開發風格也轉變成由許多人員一起協力並進的模式。本節將介紹手機遊戲開發需要哪些職務,並說明他們各自負責的工作內容。

● 製作人／總監

指揮整體遊戲製作的領導者。**製作人為銷售成績負責,而總監則為遊戲品質負責**——多數開發商應該都是這樣安排的。雖然這些職稱在每家公司的具體立場都有微妙的不同,但基本上都是負責確立一款遊戲的目標方向,帶領整個開發團隊,並設定遊戲的目標品質,使之達到目標銷量。

■製作人和總監的差別

製作人	總監
・總指揮	・確保品質
・市場分析	・管理團隊
・規劃預算和銷售目標	・管理開發日程
・人員配置	・建立企劃、制訂規格
・與協力廠商交涉、協調	・監督協力廠商
・規劃廣告宣傳企劃	・協調開發成員的關係

● 企劃

依循總監或遊戲設計師決定好的方向,負責**規劃遊戲內的功能、表演,並製作規格表,交給工程師和美術等其他崗位的人員,推動開發工作**的人。另外撰寫劇本、設定和調整遊戲內的參數也是企劃的重要職責。

　　儘管很多工作都被粗略歸類在「企劃職」，但實際上企劃底下還分為很多工作，進度管理需要企劃經理、寫劇本需要作家、參數設計需要擅長分析數據的資料分析師等等，分為很多專門職務。隨著開發規模的擴大，企劃也是職務細分化和專門化程度最高的部門。

■企劃也很看重溝通能力

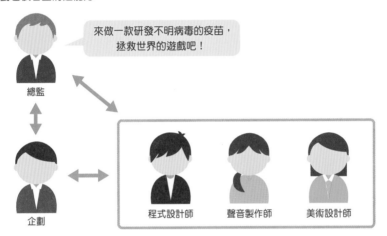

○ 程式／工程師

　　根據企劃部門製作的規格**編寫程式，為遊戲賦予生命的人**。又可以大略分為負責客戶端的客戶端工程師，以及負責伺服器端的伺服器工程師。

　　客戶端工程師的任務是決定要用何種方式實作遊戲畫面內的各種動作，並實際使它們動起來。以前遊戲人物的動作和音效調整也由這個職務負責，但近年愈來愈多公司改由專門的部門負責實作。

　　而伺服器工程師則如其名，負責伺服器端的處理，任務是編寫和維護用於處理和執行參數等各種數值的遊戲核心部分。

■客戶端工程師與伺服器工程師的關係

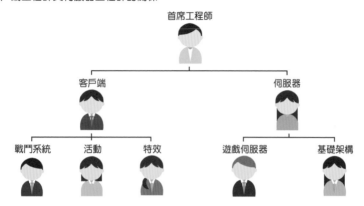

◉ 美術／設計師

　　處理人物和背景插畫、3D建模、UI設計、人物動作等工作，**負責遊戲內一切視覺部分和動作的部門。**

　　遊戲的視覺部分對於該款遊戲在玩家心中的印象影響非常大，因此美術部門相當於一個遊戲團隊的明星。但除了技術之外，美術人員還必須具備超前數年的眼光、不斷追求新表現形式的美感和努力精神，是非常重要的職務。

■掌管遊戲視覺效果的部門

聲音製作師

除了製作BGM和SE（音效），還要設計這些聲音該如何呈現，負責各個場景的音訊表演。是對遊戲體驗印象的影響力僅次於視覺部分的部門。

儘管一款遊戲中最容易被注意到的是BGM，但SE也具備非常重要的效果。SE雖然很容易被小看，但有時一個簡單的音效就能大大改變場景的氛圍，所以音效設計工作需要相當高竿的表演設計能力。

■遊戲內表演不可缺少的音效

BGM製作　　聲音製作師　　音訊工程師

● QA／除錯人員

負責測試製作中的遊戲，找出有無臭蟲（bug）和功能缺失，與開發團隊協力提高產品品質的輔助部門。

此職務需要針對規格書製作數量龐大的檢查清單，檢查這些功能有無依照預期運作。有時依照情況還會主動提出改良方案，為遊戲開發提供幫助。對於愈加複雜化的遊戲開發流程而言是不可缺少的職務。

由於手機遊戲會在各種性能的平台運行，開發方要為所有運行環境都進行測試非常困難。因此最近愈來愈多公司會選擇找由專門人員組成的外部公司協助。

■QA是遊戲開發過程的無名英雄

仔細列出檢查項目

✓ 開始按鈕可以正常開啟遊戲　　　✓ 玩家會不會卡進牆內？

✓ 使用者名稱不可輸入禁止詞　　　✓ 在角色死亡的同時補血會怎麼樣？

✓ 密碼可以超過 8 個字元嗎？

檢查再檢查！！

搞怪測試
（monkey test）

是否損害使用者權益？

要求提供除錯命令
（debug command）

找出重現臭蟲的方法

製作錯誤報告
（bug report）

在臭蟲發生的瞬間錄影

在錯誤修復後複檢

● 廣告／營銷

負責用市場營銷和廣告宣傳把完成後的遊戲送到顧客手中的部門。雖然與開發本身比較沒有關係，但會跟製作人和遊戲總監協力合作，策劃宣傳活動，更有效地提高遊戲的可見度。

　　與遊戲媒體的關係相當密切，因此需要具備跟開發職不同意義上的苦幹實幹推動業務的能力。在什麼時機對哪種媒體發送資訊、投資哪種宣傳管道，對手機遊戲的曝光度和可見度影響很大。只是專心做好遊戲本身，是無法吸引人來玩你的遊戲的。

■使遊戲成品進入玩家視線的管道

總　結

▣ 開發一款遊戲需要齊備負責不同工作的成員

▣ 隨著開發內容複雜化，開發職務也更加細分

▣ 儘管職務不同，但所有成員的共同目的是提供客戶最好的體驗

03 手機遊戲開發的步驟

隨著各家公司採行各種開發方法不斷嘗試和犯錯，手機遊戲開發技術也日趨進步。本節將用一般的範例為參考，介紹一款手機遊戲從開始研發到完成需要經過哪些階段。本書後面的內容也會按照以下介紹的階段來說明。

● 建立企劃

啟動開發專案的方式很多元。有依照公司或事業部方針來擬定的，也有些跨企業合作的專案是根據組成比例和結構決定的；還有以挑戰新事物為目標，向開發人員募集點子的……。但不論是哪一種，決定要開發一款遊戲之後，首先需要的東西就是**企劃**。

這款遊戲究竟該怎麼玩？能夠提供玩家什麼樣的體驗？負責建立企劃的人員從各種角度檢討並提案，思考哪種**企劃**能夠募集到夥伴和資金，並把討論的結果統整起來，然後整理成**企劃書**。企劃書的內容到底需要寫得多詳細，答案可能會隨不同的時空背景而改變，不過重點是要讓讀過的人都能認同這份企劃，並提供對方採取行動的動力。近年手機遊戲的開發規模愈來愈大，企劃被通過的難度也愈來愈高。

■企劃是募集夥伴的第一件武器

◉ 開發Prototype版

　　開始開發後，最先製作的是「Mockup」或「Prototype」，中文通常稱為原型。在建立好企劃後，提案者想像中的這款遊戲通常相當壯闊又有趣。而投資人和開發夥伴也是相信提案者的想法才會聚集過來，啟動這個專案，但這份企劃是否真能成為一個賺錢的內容或體驗，仍需要進一步檢驗。

　　所以需要先開發Prototype版 ── **簡易表現出核心要素的實作版本**，並透過此版本的表現來評估這個專案可不可行。在這個階段，遊戲內的表現非常簡陋，程式錯誤也很多，因此負責評估的人也必須具備高超的技術力和眼光。

■開發Prototype版來檢視企劃的核心

提案者的想像

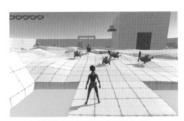

單純用來檢驗遊戲的核心要素，
外觀非常簡陋的Prototype版

◉ 開發Alpha版

　　Prototype版順利通過評估的專案，就會依照企劃著手開發**包含完整遊戲循環的版本** ──「Alpha版」。

　　在手機遊戲界，除了Prototype實作的核心要素外，要讓玩家以何種方式完整跑完整個遊戲，也就是俗稱的遊戲循環也非常重要。必須檢查過整體的UX，將一部分Prototype中的簡易表現替換成完成品的品質，確定視覺上的方向性等。另外，在Prototype版發現的不足之處也要在這個階段補全，進行檢討和設計。換言之，這個階段將決定遊戲整體的方向。

■在Alpha版確定遊戲整體的方向

Prototype

外觀簡陋的Prototype版

Alpha版

部分外觀接近完成品的Alpha版

● 開發Beta版

用Alpha版確定遊戲整體的方向後,接下來就要為企劃加上血肉,繼續開發「Beta版」。在此階段**開發組會設想哪些東西在發行時一定得用到,大量加入功能和素材**。

由於Beta階段是最後的大型開發階段,所以此階段必須對遊戲整體是否符合原本預想的完成品風格進行最後確認,並審慎決定是否要再增加新要素。到此遊戲已非常接近可發行的狀態。

■為整個遊戲加上血肉

增加遊戲區域

加入音效

增加敵人種類

增加武器

增加道具

⋮

● 除錯和Beta測試

Beta開發進入中期後,會同時開始進行**「除錯」**作業。除錯組會不斷向開

發組報告遊戲內的錯誤，並針對實際遊玩時會影響UX的因素提出修正意見。

接著開發組會對除錯組提出的報告思考解決方法並安排修復日程，繼續進行開發。而到了收官階段，則會邀請普通玩家進行**「Beta測試」**。根據測試結果，開發方可以判斷遊戲的設計是否符合一開始的企劃構想，以及功能上是否存在錯誤或異常，然後著手處理。

■進行除錯和Beta測試，使遊戲更接近完成

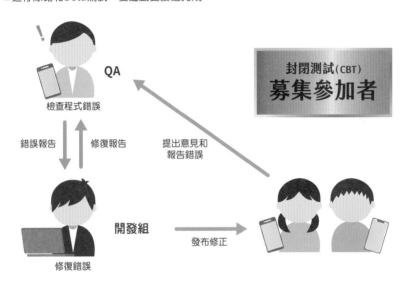

⦿ 發行和營運

經過各個階段完成遊戲本體後，接下來終於要準備讓遊戲上架。開發組要先向各平台的商店提出申請，通過該平台的審核後才能發行。如果是主機上單機遊戲的情況，到了此階段這個專案或許就算是完全結束；不過，對手機遊戲而言，一款遊戲發行之後才是真正的戰鬥，也就是如何營運它。

觀察使用者的動向、每個季節推出新活動、修復程式錯誤和增加新功能，開發組在遊戲發行後仍會繼續進行開發，提供良好的遊戲體驗。即便是沒有直接收費，靠廣告收入獲利的廣告型手機遊戲，在遊戲發行後也必須依照使用者群調整廣告類型。不論對於哪種手機遊戲，發行只不過是思考如何改進遊戲的核心要素，用何種方式呈現給玩家這場無止境戰鬥的起點而已。

■營運才是手機遊戲的主戰場

開始營運！

開發組

修復程式錯誤

開放新區域

開放新區域

增加卡池

增加卡池

繼續進行開發……

開發新活動

增加新角色

公布新活動資訊

新角色登場！

 總 結

▷ 一款遊戲始於建立企劃

▷ 從開發到發行須經歷數個階段，並不斷進行檢驗

▷ 對手機遊戲而言營運很重要

04 手機遊戲開發的團隊運作

在 03 我們介紹了手機遊戲開發的步驟。而本節將幫助你了解每個階段的大致規模，以及各階段分別需要哪些成員的參與。

◯ 建立企劃的團隊

儘管每款遊戲的情況都不太一樣，但在檢討遊戲核心體驗的這個階段，通常不會有太多人參與。一般是由製作人和遊戲總監，再加上企劃、美術、程式這三個部門的主管，以開會討論的方式推進。因為在此階段會先讓大家根據**專案起點**的「企劃」自由發揮想像力，為了使討論內容更集中，就必須採用少人數積極對話的方式。

接著企劃人員會拿著在討論中完成的「企劃書」，指導各部門展開工作，啟動開發計畫。

■ 由少數成員進行深度討論

025

◉ 開發Prototype版時的團隊組成

在開發用於檢驗遊戲核心玩法的Prototype版階段，通常也不需要大規模的團隊參與。此階段會以**遊戲總監、企劃以及程式為中心**，大約10人左右的成員進行。素材等視覺部分的東西會先使用從資源商店購買的暫時性素材，不斷推倒重來。與此同時，企劃小組則會著手設計包含遊戲整體的遊戲週期在內的各種規格。

另一方面，此時製作人會開始擬定從開發到營運階段需要的資金計畫，美術則會開始繪製向開發人員傳遞遊戲形象的早期概念圖。

■在Prototype階段會用小團隊不斷推倒重來

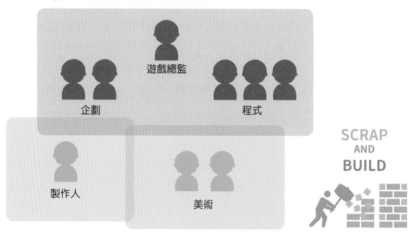

◉ 開發Alpha版時的團隊組成

在Alpha版開發階段會擴大團隊體制，製作完整的遊戲循環。**遊戲總監和專案經理**會根據核心玩法和遊戲循環等內容設定開發時間表，並依照時間表加入所需的成員。

在Alpha版開發初期，由於細節的規格通常還沒定案，因此有時團隊人數會跟開發Prototype時差不多，但基本上在此階段成員會開始慢慢增加。

不同公司Alpha版階段的開發人數和團隊組成可能有很大差異，但通常隨著製作的內容變得更加複雜，工作量也會一口氣暴增，所以若抑制人力成本，會使

得開發時間增長。

■在Alpha版階段成員會開始慢慢增加

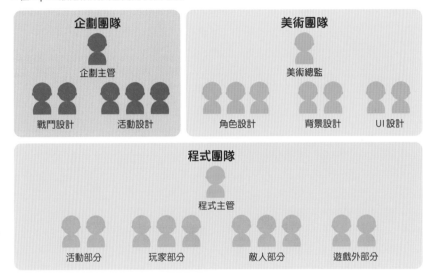

開發Beta版時的團隊組成

　　進入Beta版的開發後，遊戲通常已經非常接近完成品。此階段需要加入非常大量的素材和聲音，因此在Alpha版的最後階段，基本上專案的核心成員都是總動員的狀態。

　　由於有時光靠自己公司內的成員不足以完成需要大量人力的工作，因此很多公司會**借助外部的力量，與其他公司合作**。外部戰力的人數也是因專案和每間公司的狀況而異，但此階段若維持跟開發Alpha版時一樣的人力，開發時間就會被拉長。若開發工作順利進行，此時通常會一口氣總動員往終點衝刺。

■與外部公司合作，增加人力

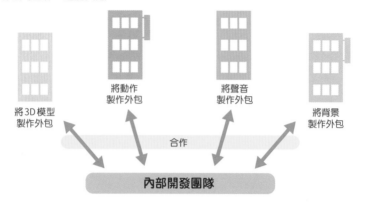

◎ 除錯時的團隊組成

　　從除錯到Beta測試的階段，開發團隊的組成基本上跟Beta版開發階段大同小異，不會有太大變動。但這單純是因為多數情況只有除錯團隊會參與除錯工作。

　　除錯團隊同樣在早期只由幾名主管負責，他們會檢討要檢驗的項目，然後與開發團隊討論，決定具體要測試哪些項目。接著，團隊會依照開發時間增加人力，持續進行除錯工作直到遊戲完成。

■除錯團隊加入，向終點衝刺

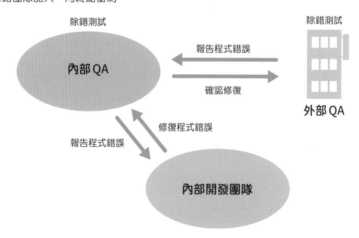

● 營運時的團隊組成

開始營運後，有時會依照預算對人員進行重新配置。具體的人員數量會因為營運計畫而增減，比如未來有多少新活動和新功能要實裝，或是要在哪個時期投放廣告之類的。最近的遊戲不少是以50人～100人左右的團隊規模在運作。

另外，當營運上了軌道後，開發團隊有時會再粗略分成**「負責維運的團隊」**和**「開發新功能的團隊」**。這是因為若由同一團隊一邊做維運一邊開發新功能，將會大幅延誤開發的進度，造成損失。至於兩邊團隊的大小分配則會因專案而調整。

■開始營運後會改變組成結構

維運團隊	新功能開發團隊
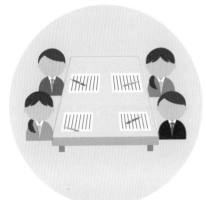	

總結

▷ 企劃立案到 Prototype 的階段會以小團隊運作

▷ 進入 Alpha 版開發階段後會慢慢增加人數

▷ 開始營運後大多公司會重新分配團隊

05 手機遊戲開發的技術要素

本節將介紹手機遊戲開發中常用的客戶端遊戲引擎、伺服器網路服務商、線上的素材商店以及開源軟體。

● 手機遊戲的開發環境

　　早期在開發手機遊戲時，幾乎每家公司都是自己打造遊戲引擎，連伺服器也是自己搭建。

　　譬如iPhone和Android，不論開發環境還是開發語言都完全不一樣。

　　然而現在可以使用後面將介紹的現成**遊戲引擎**以及**雲端供應商**，開發時再也不會被不同廠商的設備束縛，可以使用同一個開發環境和語言開發遊戲，在不同設備上運作。

　　由於這些工具的出現，遊戲開發的速度和可靠度雙雙提升，開發手機遊戲的門檻也大幅降低。

■原生開發與用遊戲引擎開發

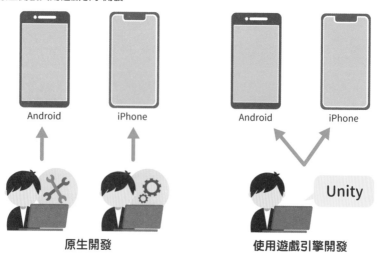

◉ 遊戲引擎

　　現在在開發手機遊戲客戶端時，幾乎都會使用現成的遊戲引擎。所謂的遊戲引擎，是指**具備各種製作遊戲所需的功能和工具的整合式開發環境**，可以在Windows、Mac、Linux等平台上運作。

　　近年手機遊戲業界最常用的遊戲引擎是Unity。Unity是Unity Technologies公司開發的遊戲引擎，可以製作3D遊戲，也可以製作2D遊戲。Unity中使用的程式語言不分平台都是使用C#，C#是種相對容易學習的語言。由於Unity在遊戲界十分普及，市面上的書籍和網路資料都非常多，遇到問題時只需上網搜尋一下，大多都能輕鬆找到答案。但使用Unity開發的遊戲若營收超過一定門檻就必須支付權利金。

　　除此之外還有由Epic Games公司開發的遊戲引擎 —— Unreal Engine 4引擎。Unreal Engine 4雖然是針對主機平台等大型遊戲的遊戲引擎，但近年隨著手機硬體的性能提升，也漸漸被用來開發手機遊戲。Unreal Engine 4中使用的程式語言是一種叫「Blueprint」的節點式視覺化腳本編輯系統。引擎本身用C++編寫，且原始碼全都是公開的。可以直接用C++編寫遊戲程式碼，也可以使用Blueprint來製作。Unreal Engine 4跟Unity一樣可免費使用，但會對遊戲的營收抽取一定比例的權利金。

　　用以上兩種遊戲引擎製作的遊戲除了可在iOS、Android設備上遊玩，還能夠對應Windows、Mac、Linux等桌面平台，以及PlayStation4、PlayStation5、Xbox one、Nintendo Switch等家用主機平台，Oculus VR、HTC Vive、PlayStation VR等VR設備，還有Microsoft Hololens等MR混合實境設備與Web瀏覽器等各式各樣的平台。

■使用遊戲引擎進行跨平台開發

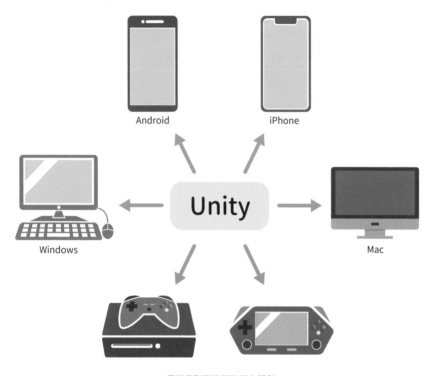

用遊戲引擎進行跨平台開發

○ 線上商店

用Unity和Unreal Engine 4製作遊戲時必須用到的3D角色模型、聲音素材、圖片素材、背景素材，乃至於已經寫好的程式碼等**各種素材都能在線上商店選購**。

Unity的線上商店名為Asset Store，Unreal Engine 4的則是Marketplace。

在這些線上商店購買遊戲必要的素材或者是功能的話，就不需要所有東西都自己開發，因而能夠**大幅提升開發速度**。所以說，若能充分活用線上商店，就可以更快完成Prototype。

■在線上商店購買素材

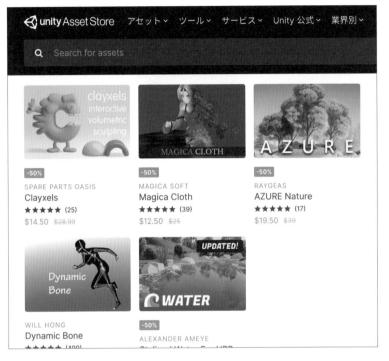

● 遊戲伺服器

現在架設遊戲伺服器最常用的服務應屬AWS。AWS是Amazon提供的一系列雲端運算服務的統稱，包含超過100種服務。

此外，Google也有針對行動平台的雲端服務Firebase。Firebase也提供了許多對於開發手機遊戲十分便利，能輕鬆實裝的服務。

遊戲伺服器會使用到的服務項目有**認證、WebAPI、流量分析、遠端推播通知、崩潰分析、資料庫以及雲端儲存**等等。

近年，包含Unity在內，各家公司都致力於在伺服器端引進運用機械學習技術的AI，相信未來也會逐漸運用在遊戲中。

■ 使用雲端運算服務架設遊戲伺服器

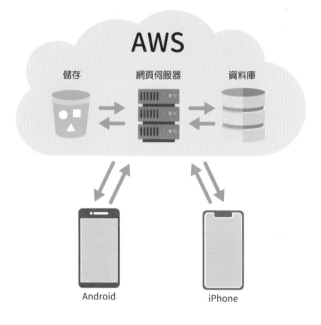

● 開源軟體（OSS）

開源軟體是指使用上不設限，而且能夠重製、改寫、再散布之**原始碼完全公開的免費軟體**。

由於被很多人取用的OSS大多是具備優異可靠度和安全性的高品質軟體，所以為了縮短製作時間，在遊戲開發領域很流行使用OSS來開發客戶端和伺服器端。

另外，由於原始碼是公開的，因此就算有程式錯誤也能自行修正。但與商用軟體不同，原始開發者沒有替使用者修復程式錯誤的義務。

雖然OSS可以免費使用，但因為開源軟體有多種不同的授權種類，所以使用前務必仔細看過內容。代表性的OSS授權條款有MIT、GPL、MPL、BSD、Apache等等。筆者認為MIT應該是比較容易使用的。另外還要注意有些開源軟體在使用時必須標註著作權聲明和授權條款。

■開源軟體

開源軟體（OSS）

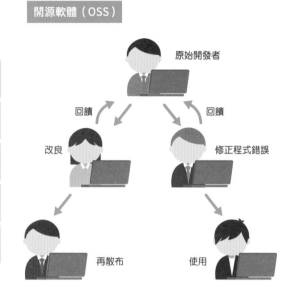

| 免費 |
| 公開原始碼 |
| 也可以商用 |
| 可修改 |
| 可再散布 |

原始開發者

回饋　　　　　回饋

改良　　　　　　　　　修正程式錯誤

再散布　　　　　　使用

總 結

▶ **手機遊戲可以用遊戲引擎開發**

▶ **遊戲伺服器可以活用雲端運算服務**

▶ **在線上商店購買現成素材和使用開源軟體，可以加快開發速度**

06 手機遊戲開發的方法

本節將介紹開發手機遊戲時使用的開發方法。在以前流行的是俗稱瀑布式開發的開發方法，但現在則流行使用與軟體開發相性良好的敏捷式開發搭配各種雲端工具。

● 瀑布式開發

　　瀑布式開發方法是按照**「規劃」、「設計」、「實作」、「測試」、「移交」**的步驟依序推進工作。原則上，前一項工作沒完成之前不會進入下一項工作。這個方法的好處是能最大程度地減少錯誤發生，十分有利於工作管理。

　　然而，由於必須要等所有東西都設計完成後才能開始實作，因此得花很多時間才能正式投入開發。而且一旦在測試階段發現程式錯誤，就得花很大的工夫回頭修改，讓工作量大幅增加。此外，也不利於在開發途中靈活變更規格。然而在遊戲軟體開發中，基本上一定會遇到無法預測的意外情況，所以瀑布式開發通常無法如期完成專案。或許瀑布式開發更適合作為工業產品的開發方法吧。

■瀑布式開發的流程

1月	2月	3月	4月	5月
規劃				
	設計			
		實作		
			測試	
				移交

敏捷式開發

正因為上述的瀑布式開發不適合軟體開發，所以才有了敏捷式開發的出現。敏捷式開發是種以規格一定會發生變更為前提的開發方法。在遊戲開發中，很多東西不實際執行看看就無法確定到底好不好玩，所以一定會遇到變更設計或追加功能的情形。

敏捷式開發的進行方式是將**開發工作（中文稱為迭代，iteration）**適當地細分，每個迭代都包含「**規劃→設計→實作→測試**」的開發週期，不停循環直到成品達到令人滿意的品質。一個迭代會設定在1～2週的極短時間。藉由這樣的開發方式，便可在早期發現遊戲中的問題，臨機應變地改變規格，可說是非常適合手機遊戲開發的開發方法。

■敏捷式開發是在迭代間重複開發循環

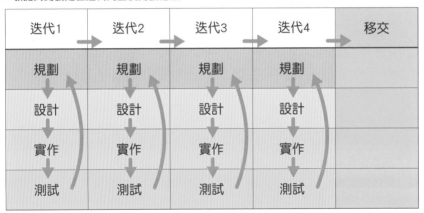

專案管理

以前大多是用Excel來管理專案的開發進度，但Excel存在難以被多人共用和編輯的問題。後來Google試算表推出後，由於可以被多人共用和編輯，十分方便，因此也被用來當成進度管理的工具。而現在則流行使用專門用於進度管理的網路服務。使用網路進度管理服務的好處在於不需要每台電腦都安裝專用程式，只要是能連上網路的設備都可以使用，而且**可同時被多人分享、編輯**。而且有些服務還推出手機專用的app，可以隨時打開確認自己的任務，或是接收工作時限

到期的提醒。

目前網路上的進度管理服務有Backlog、Jira、Asana等。

■ 運用網路服務來管理專案，可以共用或同時編輯

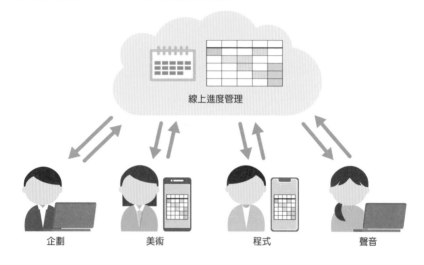

線上進度管理

企劃　　　　　美術　　　　　程式　　　　　聲音

🔘 Wiki

以前企劃書和規格書也都是使用Word和Excel來製作，但如今都改用雲端工具。畢竟雲端工具只要連接上網際網路就能使用，而且還有可以**分享、共同編輯、統合資訊**的巨大優勢。因此雲端工具也被用來製作know-how和技術資訊的知識庫。

不論累積了多少資訊，資訊變得多麼龐雜，也能利用搜尋功能來找出想要的資訊。而且還可以設定權限，為一般使用者和開發團隊，或是依照職務設定不同的存取範圍。此外Wiki也有提供手機用的app，可不受時間與地點的限制存取資料。另外，還具備頁面發生變更時自動通知的功能。

目前最常用的Wiki服務是Confluence和Backlog。

■用Wiki統合資訊

線上資訊共有

企劃書　　　　規格書　　　　會議紀錄　　　　知識庫

⊙ 溝通

　　而在開發中的溝通方面，最常使用**聊天或網路視訊會議工具**。比如在確認規格，企劃、美術、程式之間互相確認能否使用某素材，以及通知資料進度等等，有時即使彼此就坐在附近，還是會用聊天軟體聯絡。這是因為聊天軟體會留下紀錄。而且不用為了溝通而暫停現在手上的作業，可以自由地等做完一個段落後再回覆。

　　當同一間公司分成數個據點來開發，或是多家公司合作進行同一個專案時，則會使用網路視訊會議工具作為溝通手段。此類工具不論電腦還是手機皆能參加，而且還可以分享電腦上的畫面、共用白板給大家書寫、或者將參加者依照組別分到不同的房間。

　　上述的聊天和線上視訊會議工具，目前市面上有Chatwork、Slack、Zoom、Google Meet、Microsoft Teams等各種選擇。

● 臭蟲管理

當遊戲將近完成，開始除錯測試檢查能否正確運行時，就會發生需要管理臭蟲（bug）的需求。而這份工作同樣也可以運用**追蹤臭蟲用的雲端工具**。

用臭蟲追蹤工具管理臭蟲的方法是：首先將內部QA和外部QA（Quality Assurance：品質保證）進行測試時抓出的臭蟲登錄上去。接著，把臭蟲分配給合適的負責者進行修正。被分配到臭蟲的負責人在開始修復時，要上去將臭蟲的狀態（status）改為修復中。等到修復完成後，再把狀態改為修復完畢，返回給QA。修復完成回到QA的臭蟲會再進行一次測試。如果確定已經完全修復，就會把狀態改為複驗完成。假如該臭蟲後續又再出現，便會再次分配給負責人。

像上述這樣依序設定每個臭蟲的負責人，就能夠隨時確認所有臭蟲目前是什麼狀態。

目前市面上的臭蟲追蹤工具有Jira、Backlog等。

總 結

▶ **手機遊戲開發比較適合採用敏捷式開發方法**

▶ **專案管理可靈活運用各種雲端工具**

▶ **品質管理同樣可活用雲端工具**

第 2 章

專案立項

在前一章我們整理了手機遊戲開發的概要和流程，粗略掌握了整體的圖像。而接下來我們終於要開始說明一個專案的起點，在建立企劃的時期都會做些什麼。首先要介紹的是檢討企劃，然後是專案的立項到指派成員的流程，以及至關重要的手機遊戲營利的基本模式。

07 專案的目的

像開發遊戲這樣大規模的專案究竟是如何開始的呢？本節我們要介紹專案的目的及專案立項的幾種不同的模式。

● 專案的目標

遊戲開發專案的目標，首先就是**完成遊戲產品**。這點不論是商業遊戲或者獨立遊戲都是一樣的。而企業製作商業遊戲追求的是利益。

遊戲有感性的一面，也有藝術的一面。然而想要讓組織或開發人員進入下一個專案，首要條件就是先完成眼前的專案，做完一款遊戲，並從中獲利。藝術性和商業性，拿捏兩者的平衡十分重要。

■專案的目標是完成產品並從中獲利

下個專案

獲取利益

完成遊戲

開發團隊

● 以創造自家IP為目的的製作模式

IP是「Intellectual Property」的縮寫，也就是**智慧財產**的意思。這類專案的目的是**創造自家公司獨有的角色或故事，創造全新的體驗**。由於所有部分都必須從零開始，靠自己的力量去判斷和製作，因此雖然成功的話成果豐碩，但相對地專案的難度也很高。

如果專案成功的話，所有的利益都由自家公司收入囊中。除了遊戲本體的獲利，還可以把IP賣出去跟其他公司合作，將大規模拓展商業範圍。

儘管開發時要投入很高的成本，風險也很高，但也可能帶來極高的報酬。此外有時也可能會採行由自家公司負責開發，再委託發行商幫忙宣傳和販售的模式。

■創造自家IP是高風險高報酬的做法

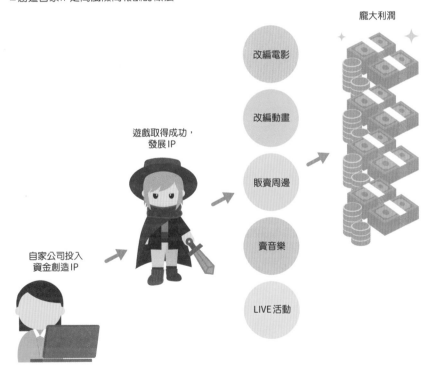

以發展其他公司的IP為目的的授權製作模式

包含既存的IP在內，活用其他公司擁有的IP，**藉由授權的方式製作遊戲，以拓展該IP的世界觀為目的**。此模式的優點是IP部分由擁有IP的公司來管理，我方可以專注在遊戲製作上。但要注意對IP形象的保護仍很重要，所以有時必須耗費心力去跟授權方確認和溝通。對開發的投資比例視合約而異，無法一概而論，但通常會比開發自家IP低。

■ 活用其他公司的IP的授權模式，仍須重視控管IP

製作委員會的製作模式

不只是遊戲，包含動畫、漫畫等各種影視媒體都存在這種模式。此類專案的目的是**參加製作跨媒體內容的製作委員會，並負責開發遊戲的部分**。這種模式下IP大多是由別的公司來開發，但有時我方也可以參與討論、提出意見，為IP潤色。有點類似製作自家IP和製作別人IP兩種模式的混合。由於此類企劃通常是以跨媒體為前提，所以發行後的曝光度和玩家人數都相當值得期待。

■加入製作委員會創造大型IP

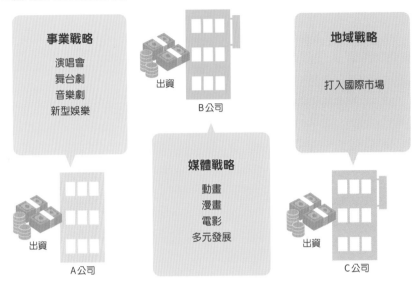

◉ 接發行商外包的製作模式

　　這類專案的目的是去承接發行商的外包開發案，**開發者（開發公司）只負責開發遊戲本體**。我方必須仔細咀嚼發行商的企劃，再想辦法將它做成遊戲，相當考驗這方面的專業技術。雖然開發費用基本上全部由發行商負擔，自家公司幾乎不用承擔風險，但報酬也非常低。

■接發行商的企劃來做，當專業外包

● 小型團隊的獨立製作模式

　　儘管遊戲業界的開發規模有愈來愈龐大的傾向，但另一方面小規模的獨立開發者也愈來愈多。而這類專案的目的便是**採取小型團隊維持開發的自由，但同時開發出可以獲利的遊戲**。

　　這在主機遊戲全盛時代是非常難以實現的模式，但隨著智慧型手機和PC遊戲市場的擴大，選擇挑戰這種模式的企業和個人開發者有增加趨勢。這都得歸功於近年開發遊戲用的中介軟體的發達，使得小型團隊也有可能做出高品質遊戲，再加上網路基礎建設的發展，使住在不同地方的開發者可以結成夥伴。另外遊戲硬體的開發商也為第三方打開了發行上市的通道，讓獨立遊戲發行的門檻愈來愈低。在此模式下，開發風格就跟開發自家IP相差無幾。

　　獨立遊戲模式與本書主要討論的營運型手機遊戲雖然有些不太一樣，但基本的開發內容應該十分類似。儘管開發規模小，卻有一群善於製作小眾題材的開發者活躍其中。

■遊戲產業對小規模製作者打開門戶

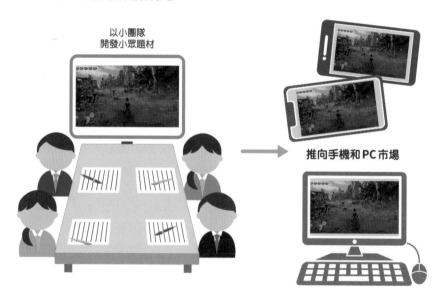

以小團隊
開發小眾題材

推向手機和PC市場

◉ 小型團隊的同人製作模式

　　儘管同樣是少人數的遊戲開發風格，但此模式的特徵是不製作商業目的的遊戲，且製作內容有時包含二次創作。這類專案的**製作者會在能力範圍內自掏腰包，或是參加別人的專案，以自由創作為目的**。由於名目上並非商業團體，所以學生們也有機會參與正式的遊戲開發。雖然二次創作的部分需要留意著作權方面的問題，不過這部分早已深深根植在現代日本文化中。

■同人製作的開發風格自由度很高

少人數的團隊

自由發想的遊戲

官方許可進行
二次創作的 Unity Chan

總 結

▸ 遊戲開發要兼顧藝術性和商業性的平衡

▸ 雖然規模不同，但專案的目標是相同的

▸ 近年獨立遊戲的開發十分興盛

08 檢討企劃

手機遊戲既是藝術也是商品。本節將介紹專案起點的「企劃」是如何擬定和討論，以及企劃本身的意義。

◯ 什麼是企劃？

說起來，手機遊戲的企劃到底是指什麼呢？角色、故事、畫面、聲音、遊戲系統，儘管遊戲是由上述元素所組成的，不過很遺憾的，光是把這些東西堆疊起來，是無法形成一個企劃的。

不論在腦中想像出多麼好玩的遊戲，也無法光憑想像變出具體的遊戲，並養活開發遊戲的人。換句話說，計畫當中除了對於遊戲的想像外，還需要包含**使想像化為現實的製作手段**，以及能夠養活開發人員，也就是**如何從中獲利的營利手段**，才稱得上一份企劃。

■ 光有對遊戲的想像無法完成一項企劃

● 為什麼要做這款手機遊戲？

我想會從書架上取下這本書的讀者應該多多少少都對遊戲製作感興趣，若有機會的話願意親自參與看看的人也不在少數。應該也有人心心念念著有朝一日希望能夠做出一款自己喜歡的遊戲吧。然而正如前一項所說，光憑「喜歡」恐怕是不可能做出一款遊戲的。

那難道做自己喜歡的遊戲是癡人說夢嗎？倒也沒那麼殘酷。如何在滿足完成一項企劃所需的前提下，把自己的喜好加入企劃內，正是製作企劃的醍醐味所在。換言之，如何在為組織提供價值的同時，發揮自己的創造力，這正是製作手機遊戲企劃的意義之一。

● 從零完成一份企劃的過程

前面我們說一份企劃必須包含遊戲的形象、製作手段、營利手段這三者，但企劃究竟該從哪裡開始想才好呢？這問題的答案同樣有很多種。因為每個組織都有自己擅長和不擅長的領域，所以建立企劃、啟動專案的方法也不相同。由於基本上大多數的公司都會從自己擅長的領域開始檢討，因此會不斷在同一套方法上累積know-how。話雖如此，老是採用同一套流程，有時會難以應對時代的改變，因此建立企劃還需要**在了解組織強項的同時解讀環境變化**的技術。

■完成企劃的步驟會因擅長領域而異

○ 彌補不擅長領域的方法

那麼接著來想想看如何彌補不擅長的領域吧。比如你的團隊有開發的技術力，但缺乏角色設計和故事創作的人才，這種時候該怎麼辦呢？

最簡單的方法是從外部租借已經存在的IP。現成的IP不僅可以省下從零開始製作IP的勞力，而且通常已經具備一定的粉絲基礎。

假如不想借助已經存在的IP，那也可以招募擅長此領域的新夥伴，或是從既有人員中找出比較有天分的人來培養，但無論何者難度大概都不低。由於手機遊戲的製作規模和時間都有肥大化的傾向，因此現在愈來愈多公司採行**倚仗外部力量彌補不擅長領域**的模式。

■ 不擅長的領域借助外部力量是捷徑

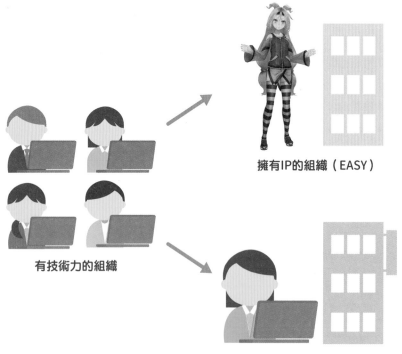

擁有IP的組織（EASY）

有技術力的組織

可製作IP的外部成員（HARD）

○ 思考人員的組成

按照前面的步驟檢討企劃，到這裡相信應該會對哪些部分要由自己的團隊親自動手，哪些部分應該委託外部合作者有一定程度的了解。那麼接著就會遇到「該如何跟外部人士合作？」的問題。假如自己或所屬的組織沒有一定的實績，通常很難跟大型公司合作。

舉例來說，假設你是第一次製作遊戲的團隊，大概沒有IP權利人願意把全球知名IP租借給你。話雖如此，跟等級太低的對象合作也同樣沒有什麼好處。儘管很難抓到平衡，但誤判合作對象相當有可能會使專案觸礁。因此一項企劃**能否平衡好人員的組成**將會影響專案成功的機率。

■為了最大化彼此的價值，必須注意平衡

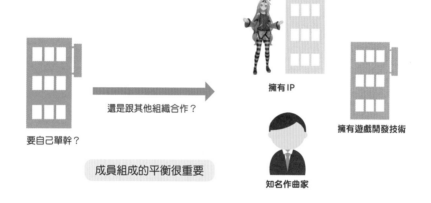

擁有IP

還是跟其他組織合作？

擁有遊戲開發技術

要自己單幹？

成員組成的平衡很重要

知名作曲家

總 結

▶ 必須包含遊戲的形象、製作手段、營利手段，才稱得上是企劃

▶ 分析自己擅長、不擅長的地方，尋求外部力量合作有時也是必要的

▶ 要使企劃成功，組成的檢討很重要

09

設定核心概念與
UX（使用者體驗）印象

接下來終於要開始檢討手機遊戲的核心概念（concept）和UX（使用者體驗）形象。這裡同樣有很多種方法，接下來將介紹檢討時應該要注意哪些重點。

● 什麼是核心概念（concept）？

所謂的核心概念，就是**一款手機遊戲最根基的設計指引**。在構思遊戲的內容時，常常會遇到覺得這個也很有趣、那個也很有意思，點子愈來愈發散的情況。而在這種時候扮演懸崖勒馬角色的，就是**核心概念**。不論是多麼優秀的點子，若是內容違反了核心概念，就必須重新檢討，視情況有時候甚至得狠下心割愛。如果一項企劃擁有可被簡單而明確表達的核心概念，通常之後的開發就不容易失控。

● 什麼是UX形象（UX Image）？

UX就是**User Experience**的縮寫，意思是使用者體驗。而設計一款手機遊戲要給予使用者什麼樣的體驗是非常重要的事。

光說「體驗」兩個字，也許不容易讓人明白到底是什麼意思。換句話說，就是**能使人產生情感波瀾的點**。當人們在生活中接觸到新事物時就會產生新鮮感，同時發生情感的波瀾。

雖然不可能使所有玩家都照你的設計產生相同的情感波瀾，但仍必須認真思考你想在遊戲的哪個部分刺激玩家產生何種情感。

■UX形象就是刺激玩家情感的體驗形象

UX和UI的差別

UI是**User Interface**的縮寫，指的是使用者和遊戲程式互動的介面，也就是畫面上的標示以及隨附的按鈕等等。UI和UX是2個完全不同的名詞，意思也相差甚遠，但在手機遊戲業界卻有很長一段時間將兩者混為一談（最近已經很少看到了）。

早期的手機遊戲開發是以瀏覽器為中心。那段時間有很多開發者從網頁開發跳槽到遊戲業。而網頁的「體驗」通常是指響應快速和點擊的流暢感，結果就使很多人以為UI和UX是指同樣的東西。儘管流暢的UI設計帶來的舒適操作感對手機遊戲同樣也不可或缺，但遊戲的UX更多是指**從遊玩中得到的體驗**。跟開發成員溝通時如果不講清楚你說的UX是什麼，有時可能會遇到雞同鴨講的情形。

另外岔個題，雖然要靠UI把UX提升到120%非常困難，但要反過來把UX變成0%卻非常簡單。所以UI和UX雖然是不同的東西，但兩者的確關係密切。

核心概念和UX形象的關係

既然核心概念和UX形象都是一款遊戲的中心，那麼兩者又有什麼樣的關係呢？在前面我們提到核心概念就像「指引」，而UX形象則是「體驗」。把「指引」和「體驗」這2個詞放在一起，應該就很容易想像了。必須先有指引引導事件發生，然後才有體驗。換言之，**UX必須建立在核心概念之上**。基於核心概念設計遊戲，然後再來思考如何營造出可刺激玩家情感的遊戲體驗，也就是UX。按照這個架構來思考，就更加能夠掌握討論企劃時的平衡性。

■核心概念中包含了UX形象

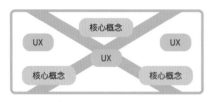

思考核心概念的方法

思考核心概念的方法有很多種，這裡只示範其中一個例子，但總體而言，在思考遊戲企劃**遇到瓶頸時，從單一的「動詞」來發想**會更容易推進下去。

譬如動作遊戲的話就用「跑」或「跳」，而RPG的話最基本的動作應該是「發現」、「成為」等等。接著再替這些動詞加上「What」、「How」等情報，使之變得更具體。至於要對何種動詞加上哪種情報，如何從這些組合找出原創性，就是考驗企劃者實力的部分了。

思考UX形象的方法

UX的部分也跟核心概念一樣，沒有標準的解答。不過，因為UX形象是在確定核心概念之後再堆疊上去的東西，所以迷惘不決時**回頭思考核心概念**或許就能找到靈感也說不定。遊戲中的某某場景給予玩家的體驗能否呈現核心概念？這個刺激是否與核心概念貫通？只要像這樣思考，便能判斷腦中浮現的UX形象能否堆疊在核心概念上，這個UX形象又是否還有提升的空間。當然用UX形象反思核心概念應該也是可行的。重點是如何保持想像的自由度，但又能合情合理地融合核心概念和UX形象。

為了什麼而設定？

那麼，我們又是為了什麼要設定核心概念和UX形象呢？首先，這是為了在溝通時讓周圍的其他人可以明確理解這款手機遊戲到底好玩在哪裡。此外，我們在前面曾說過遊戲在製作時會不斷反覆試驗以找出可行的做法，並非總是一帆風

順。這個時候在企劃階段決定的核心概念和UX形象，就是在反覆試驗時判斷該方式是否可行的標準。

另外若是商業作品的話，傳遞核心概念和UX形象也能提升宣傳效果，更可能具有提高品牌形象的作用。在最初製作期設定的核心概念和UX，**將從企劃階段到發行上市後都一直扮演支柱的角色**。

■核心概念和UX從開發前到發行後都支持著整個專案

傳遞企劃　　　　　　反覆試驗時的基準　　　　宣傳＆提升品牌形象

NEW GAME CONCEPT
這樣的
遊戲

UX
核心概念

✏️ **總 結**

▷ **核心概念是手機遊戲的設計指引**

▷ **UX是玩家通過遊玩所獲得的體驗**

▷ **核心概念和UX是支持專案從企劃階段到發行後的基準**

10 製作企劃書

想出再好的核心概念和UX形象，如果沒法讓其他人理解就沒有意義。本節將介紹向他人傳達概念的武器 —— 企劃書如何製作的其中一例。

● 企劃書的意義

要把絞盡腦汁想出來的理想手機遊戲化為現實，需要依賴很多人的幫助。因此首先必須讓他人了解這款手機遊戲是什麼樣子、哪裡好玩、如何發行、如何創造收益，否則一切就沒法開始。而用來輸出你腦中所有的想法，**盡可能具體地傳達給他人的文件，就是你的第一項武器**——企劃書的存在意義。

● 檢討項目

手機遊戲企劃書雖然沒有標準格式，但有個重點是應該要盡可能詳細豐富，使內容更容易被他人了解，同時增加說服力。一般而言最好加入下圖列出的項目，梳理好整個流程。

■一般企劃書包含的項目

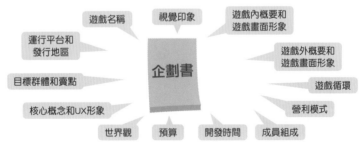

● 插畫和圖片的重要性

要傳達給他人一款遊戲有趣之處的強力武器，就是插畫和圖片。本書也是如此，光靠文字傳遞所有資訊畢竟存在極限。

譬如，要把眼中看到的風景無一遺漏地化為語言，可以想像將需要非常大量的文字描述。但有個方法卻能瞬間傳達如此大量的資訊，那就是照片。同理，**對於光靠文字很難說清楚的訊息**，有時改用插畫或圖片就能輕鬆讓他人看懂。尤其是手機遊戲中豐富的角色、世界觀、UI以及遊戲循環等部分，很多資訊光靠文章不容易說清楚，為了讓他人正確理解，插畫和圖片就很重要。

■ 傳遞資訊的方法不只有文字

● 不會畫畫怎麼辦？

理想的情況下，負責寫手機遊戲企劃的人最好具備簡單的畫圖能力，但我想應該有不少人自認缺乏繪畫天賦才對。遇到這種情況，請**尋找組織內擅長繪圖的夥伴**加入。大膽告訴對方你正在構思一個非常有趣的點子，拜託他幫忙吧（但仍必須遵守組織內的規定）。

一如前面的說明，會畫圖是一個非常強大的優勢。有時候可能會使企劃的吸引力提升數倍之多。假如真的找不到能幫忙的夥伴，利用免費資源也是一種手段，但要注意這種方法的表達精準度會比自己畫圖稍微差一些。

■ 圖畫是表達企劃魅力的強力武器

例：用圖畫的力量清楚表達「魔王」的魅力和強大

● 企劃書要寫到什麼程度？

企劃書的內容**要寫得多深入，答案會隨專案的規模和組織狀況而異**。假如是大型公司，且專案規模很大，那自然是希望能愈詳細愈好；如果是經驗豐富的小型獨立遊戲製作團隊，那有可能一頁的企劃書就足夠了。因為要用口頭向很多人傳遞相同的內容非常費力，聆聽者的提問和問題種類也會非常多元。而這些部分可以用企劃書來解決，降低溝通成本。

● 企劃書要經過多人檢查

雖然說這件事就算不做也沒什麼問題，但要是做了就可以提高企劃書的精準度，所以建議做會比較好。因為企劃書必然是基於主觀撰寫的，所以很難寫出超出製作者觀點的內容。裡面可能會有些製作者一廂情願的部分，畢竟這是他妄想出來的完美手機遊戲。因此，企劃書第一版完成後最好先給其他夥伴看看，確認**企劃書是否有正確傳達出自己的想法**。當然在此時企劃內容仍是機密，為了避免資訊外洩，只能給組織內的成員看。

至於檢查的人選，如果能夠囊括懂遊戲的人，以及平時不怎麼玩遊戲的人，盡可能包含各種類型的群體，將能夠得到更多自己想不到的觀點，並發現自己看不見的問題。而且企劃書本來就是要給不同組織和職位的人看的，因此這麼做也

可以當成事前練習。

● 企劃書有時會有多個版本

　　企劃書的用途很多，比如說服組織的審核者同意啟動專案、委託各個外部組織幫忙、推動開發進度擴大規模、幫助宣傳部門了解遊戲的魅力所在等等，而不同情境下要傳達的點也不一樣。因為不同對象重視的點都不相同，所以最後往往會同時存在多種版本的企劃書。

■ 企劃書的項目會隨對方的重視要點而改變

傳達對象	重視要點
預算審核者	遊戲循環和營利模式
開發成員	遊戲內容和工作量
外部組織	成員組成和預算

總 結

▶ 企劃書是手機遊戲開發的第一件武器

▶ 抓住重要的項目，運用插畫和圖片帶出企劃魅力

▶ 針對不同對象準備多種版本的企劃書

11 從簡報到執行企劃

大家都希望企劃書完成後就能馬上進入開發，但專案啟動前還有許多難關要克服。本節將介紹一個專案究竟要經歷多少關卡才能正式啟動。

● 什麼是簡報？

　　我們在第1章也說過，啟動專案的模式有很多種。甚至有些公司是專案本身先啟動，之後才開始製作手機遊戲部分的企劃書。

　　但無論如何，在企劃書完成後，這款手機遊戲究竟能不能投入開發，還得看能不能說服握有決策權的人點頭。而簡報（presentation）的目的，就是**為了獲得決策者的理解而進行的展示和說明**。

■簡報是為了讓對方理解企劃內容而做的展示

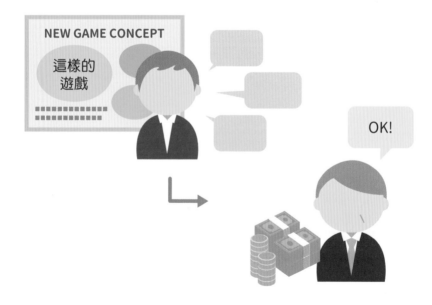

◎ 首先進行簡報的對象

不論開發規模大或小，開發一款手機遊戲都需要耗費時間和金錢。雖然也有獨自一人自己開發的例子，但大多數情況都是以團隊或公司等組織為單位來運作。而正因為開發一款遊戲必須調動許多人力，所以必須先向組織解釋你要製作什麼樣的遊戲、用什麼方式製作、完成後如何販賣。也因為如此，在**有權力決定組織方針的人**點頭同意前，專案是不可能啟動的。

以公司來說，手機遊戲開發是否能夠開始進行的權力大多是握在開發部門的部長級人物手上。同時，擁有決策權的人不一定精通所有類型的遊戲，所以有時候還會請一些熟悉該類型的成員協助決策。而企劃書完成後，通常最先**向擁有決策權的成員進行簡報**。

■聽取熟悉各遊戲類型的成員們的意見

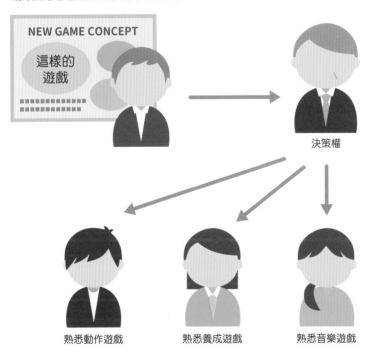

● 簡報的重點會隨著企劃的狀況而改變

簡報通常會根據企劃書來向聽取簡報者展示這款手機遊戲將有哪些內容，並進行提案，但**簡報內需要展示哪些內容，有時會隨著企劃的狀況而改變**。

譬如組織已經決定好既定的題材或IP，只需要開發遊戲玩法；或是雖然已經決定出大致的製作方向，但仍未決定具體內容應該如何進行等，在不同企劃的進行狀態和組織狀況下，決策者重視的點也不一樣。

在做簡報的時候，即使使用同一份企劃書，也必須分析這份企劃是在何種狀況下提出，再決定要把簡報的重點放在哪些部分，並需要使用多少時間進行說明。

● 與外部組織合作開發的情況

假如這個專案是要跟外部組織協力開發的話，那即使自己所屬的組織通過了企劃，也不代表事情已經結束。接著還必須對外部組織進行同樣的簡報，獲得對方的同意。尤其是跟擁有IP的影視類等業界合作的場合，簡報對象很可能不了解遊戲產業的生態。為了避免對方事後翻臉「我們當初可沒有同意這種事」，導致企劃胎死腹中，必須要更審慎地推進。

● 啟動專案

在取得所有決策者同意，開闢了道路後，至此專案終於可以啟動。話雖如此，專案啟動後並不會馬上投入大量人力進行開發。

通常會先由企劃提出者會同製作人、遊戲總監等少數幾名成員設定一段打磨期，使企劃變得更為具體。然後再進行分工，逐次增加內容。

製作人主要負責資金調用和組織間的聯繫，遊戲總監則負責改進企劃的可實現性和開發規模；假如還有其他部門成員參加的話，這些成員則會具體建構出自己負責領域的概念和形象，在仔細規劃後才往前推進。在實際動手製作遊戲前，還有很多東西要討論和決定。

這個時期將會決定這款手機遊戲最軸心的部分，因此對專案而言是非常重要的時期。而就一個專案來說，到了這一步才終於算是站上起跑線。

■很多時候即使專案啟動了也還是無法投入開發

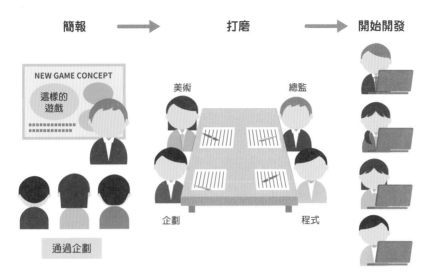

簡報　　　　　→　　　　打磨　　　　　→　　　開始開發

NEW GAME CONCEPT

這樣的
遊戲

美術　　　　　　　　總監

企劃　　　　　　　　程式

通過企劃

✏️ 總　結

▶ 簡報是向別人展示手機遊戲魅力的溝通手段

▶ 簡報的目的是說服各方握有決策權的成員，取得他們的同意

▶ 企劃通過後，專案才算是站上起跑線

12 規劃預算和里程碑

專案啟動後，接著要決定花多少錢開發，並決定完成這款遊戲的時間表，制訂開發計畫。本節將介紹遊戲開發的花費、開發時間表以及里程碑等概念。

● 遊戲開發要花費的支出

開發遊戲的過程當然需要錢，但除此之外開發結束後的宣傳、營運等也同樣需要費用。

■ 遊戲開發的費用

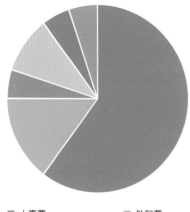

遊戲開發支出範例

■ 人事費　　　　■ 外包費
■ 伺服器營運費　■ 廣告宣傳費
■ 器材、系統相關費用　■ 其他

※左圖的比例只是舉例，
實際比例會因遊戲規模和內容而異

人事費	自家開發人員的薪水等
外包費	發包給外部公司的外包費用、演員和配音員的演出費
伺服器營運費	伺服器的租金和流量費用
廣告宣傳費	營銷和廣告費用
器材、系統相關費用	開發器材、中介軟體等的使用費
其他	雜費

遊戲開發最花錢的項目是「人事費」。如果全部由自家公司獨力開發，那麼主要的開銷只有員工的薪水和硬體設備的費用；但還有可能要加上發包給外部公

司的外包費用、聘請演員和配音員的費用、IP等的版權使用費、廣告宣傳費、伺服器的營運費等等各式各樣的費用。近年很多遊戲的開發成本甚至高達數億日圓。雖然幾乎就連開發者本身也不太會去注意到這些開銷，不過要知道就算只有一塊錢，也不是隨便你想怎麼花就怎麼花的。

● 支出大多以「人月」為單位計算

　　遊戲開發的費用大多以「人月」來計算。所謂的「人月」，是用**參與開發的人數和開發時間計算出來的數據**，也就是雇用1個人工作1個月所花的平均費用，再乘上開發的月數。

　　假如是公司的話，「人月」就是雇用1名員工要支出的開銷。順帶一提，這個「開銷」除了員工的薪水外，還包含勞保費、器材與軟體租用費、水電費、辦公室租金等各種費用。

●例：人月單價75萬元的情況（並不代表月薪75萬）

■ 人月計算

職務	人數
製作人	1人
總監	1人
企劃	2人
程式	5人
美術	5人
腳本	1人
QA（檢驗）	5人
合計	20人

人月＝雇用1個人工作1個月所花的全部金額
（有時會因職務或技能而異）

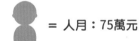

＝ 人月：75萬元

× 人月：75萬元 ＝ 月約1,500萬元

20人

1人月＝75萬

　　75萬 ×20人＝每個月會產生約1,500萬元的費用。

● 設定里程碑

完成一款手機遊戲有時候需要花上好幾個月到一整年的時間，而大型作品甚至會耗費長達數年的時間。開發期愈長，就愈難看出從起點走到終點究竟需要哪些東西，應該按照什麼樣的順序開發。因此，我們需要在終點之前設下幾個檢查點，整理出可在到達這些檢查點時要完成並測試的要件，然後思考為了抵達那些檢查點要如何進行。這些檢查點就稱為**里程碑（milestone）**，也就是說，我們得決定要在哪個時間之前做完哪些要項。

在開發的起點和終點之間設定里程碑，可幫助我們在開發過程中提早檢查遊戲的品質、要項，並找出問題點。如此一來，假如發現有需要修正的部分，便能在發行前修正方向，此外也能讓大家更具體地知道完成這款遊戲有哪些要項得進行。里程碑中常有俗稱**「Prototype」**、**「Alpha」**、**「Beta」**等的幾個主要節點。

■各里程碑和主要的內容範例

Prototype	只完成遊戲核心部分，用於檢驗的狀態。動作遊戲的話就是只做出可以移動和戰鬥的角色，檢查操作感等。外觀通常用簡單的暫時性素材代替	
Alpha	可檢驗遊戲基本循環的版本。具有可運作的主畫面、戰鬥畫面、結算畫面等，可跑完基本的流程。但素材等外觀仍有部分是未完成狀態	
Beta	遊戲規格已經完全確定，進入量產狀態。雖然仍會有少許程式錯誤，但遊戲功能已齊備	

這裡所舉的內容只是其中一例，每家公司或者每款遊戲的里程碑的具體內容都可能不一樣。另外，也有的里程碑會把每個要項都設定成1個節點，細分成Alpha1、Alpha2等等。每個階段的具體內容會在後面的章節依序講解。

◯ 里程碑和時間表的差別

儘管常常被搞混，但里程碑和時間表是不同的東西。里程碑是用來**決定特定期限前要完成的要項**，而時間表則是**以達成里程碑為目標，每天的開發計畫**。

■ 里程碑和時間表的差別

Alpha里程碑
要件
・角色可以操作和戰鬥
・雖然是未完成狀態，但畫面可以正常切換運作

負責人	3月1日(一)	3月2日(二)	3月3日(三)	3月4日(四)	3月5日(五)	3月6日(六)	3月7日(日)	3月8日(一)	3月9日(二)	3月10日(三)	3月11日(四)	3月12日(五)	3月13日(六)	3月14日(日)
企劃A	製作角色規格書		製作畫面規格書					調整遊戲平衡						
美術A	製作角色模型資料							調整動畫		調整外觀				
美術B	設計戰鬥UI		設計標題畫面					設計主畫面		調整UI				
程式A	製作角色動作							修復程式錯誤						
程式B	製作戰鬥UI畫面		製作標題畫面					製作主畫面		修復程式錯誤				

時間表 →

✏ 總 結

▸ **近年的手機遊戲開發規模日益擴大，開發期長達數年、開發成本高達數億元的專案也增加**

▸ **開發費用除了人事費，還有伺服器營運費、廣告宣傳費等五花八門的支出**

▸ **里程碑是用來決定什麼期限前要做完哪些要項**

▸ **時間表是以里程碑為目標，每一天的開發計畫**

13 尋找企劃成員

專案正式啟動後，接下來就是招募開發成員組成團隊。開發一款遊戲需要匯聚各個領域的專業人士，組成團隊來進行開發。本節將介紹專案成員和團隊的建立。

◉ 遊戲是由各種專業人士一起打造的

　　我們在「02 手機遊戲開發的必要職務」也介紹過，開發一款遊戲需要各種職務的人員齊心協力進行。即便只是在一個小小的遊戲畫面中，也會牽涉到很多不同專業的職務。

■即使是一個畫面也牽涉到各種職務

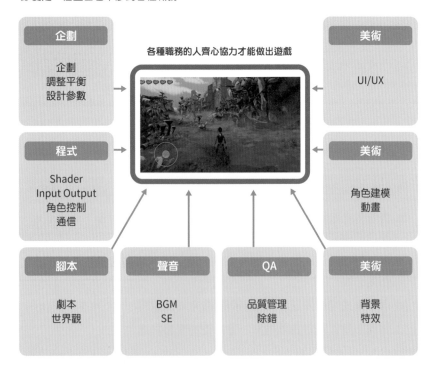

● 最初只有少少幾個人

專案剛啟動時大多只會組成少數幾人的團隊，但隨著開發進度往前推進，要製作的東西愈來愈多，專案成員也會跟著增加。比如QA、測試團隊等，不同職務的人員加入專案的時間點也不相同。

■隨著開發推進，有時成員會逐漸增加

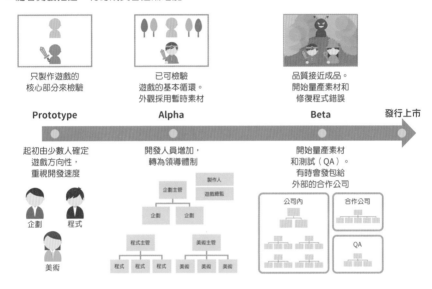

只製作遊戲的
核心部分來檢驗

已可檢驗
遊戲的基本循環。
外觀採用暫時素材

品質接近成品。
開始量產素材和
修復程式錯誤

Prototype　　　　　**Alpha**　　　　　**Beta**　　　　發行上市

起初由少數人確定
遊戲方向性，
重視開發速度

開發人員增加，
轉為領導體制

開始量產素材
和測試（QA）。
有時會發包給
外部的合作公司

● 確保團隊成員

接下來終於要開始募集專案成員組成團隊。在組成團隊時，首先要做的是思考這個專案具體需要何種技能，並規劃里程碑和時間表，考慮在哪些時間點需要多少人力。尋找團隊成員的方法有以下幾種。

■內部人員

最常見的是把公司內員工直接轉調進專案。因為身處同一間公司，所以通常已經非常清楚每個人有哪些技能，可以直接提出具體技能名稱來尋找人才。有時也會從其他專案調動成員，進行公司內的人事調整。

■招聘

要使用新技術的時候，或者是光靠公司員工無法找齊足夠人力時，也可以招聘新的人員。選擇招聘人員時，除了要明確定義該專案所需的技能條件，還要考慮應聘者是否能融入公司、應聘者自己的職涯規劃等等與專案無關的問題，所以還必須跟公司的人事、招募部門合作。不過，就算開出職缺也不代表一定會有人來應徵，所以也有一點運氣和緣分的成分。

■合作公司

當在公司內和招聘都找不到人時，就會尋求其他公司提供協助。尤其是遊戲所需的資料素材（模型資料、動畫、表面質感、聲音素材等）進入量產期後，常常會發包給外面的公司。發包內容視專案而定，有時可能只將美術部分發包出去，有時則會把整個遊戲開發工作都發包，委託多間公司來製作。

■演員、配音員等的角色配音

儘管具體情況需視遊戲種類而定，但近年很多遊戲都會雇用演員或配音員來替角色加上聲音和動作。此時便需要尋找可配合的表演者和錄音室等。

總 結

▷ 遊戲是由各種專業人士一起製作的

▷ 團隊人數常常會隨專案推進而增加

▷ 團隊成員的募集方式除了在自己公司尋找，還有很多方法

14 營利模式

開發出來的遊戲要如何販賣、收費以獲得利益，對於一個專案的維持非常重要。在手機遊戲的領域除了直接販售外，還有廣告分潤、應用程式內付費等各式各樣的營利方法。

● 營收不等於利潤

　　這裡要提到很重要的一點，是**營收不等於利潤**。所謂的營收，是企業銷售商品，以遊戲公司來說就是販賣遊戲，使用者購買時支付的金額。然而，為了開發一款遊戲，必須付出開發成本、人事成本、銷售管理成本、架設伺服器的成本、營運伺服器的成本以及宣傳的廣告成本等五花八門的開銷。

　　此外，絕大多數的手機遊戲玩家都是透過Apple（iOS）和Google（Android）兩家公司的平台商店來下載遊戲。此時這些商店也會從你的手機遊戲營收中抽取一定比例的佣金。換言之，將營收扣除製作遊戲的費用、被平台抽走的佣金之後，「剩下來的錢」才是你的利潤。

■營收扣除各種費用後剩下來的才是公司的利潤

營收	開發費用 （人事費） （銷售管理費） （伺服器營運費） （水電費、雜費等）
	廣告費
	平台抽成
	利潤

手機遊戲的獲利方法除了直接販售遊戲本體外，還有各式各樣的營利模式。在決定你的遊戲要採用哪種營利模式之前，首先最重要的是必須認識目前究竟存在哪些營利模式。

● 買斷型（付費下載）

手機應用程式可分為付費App和免費App。付費App需在首次安裝時付費購買。這種營利模式就跟傳統家用主機遊戲的購買方式相近，俗稱**買斷型**。

■付費App屬於買斷制模式

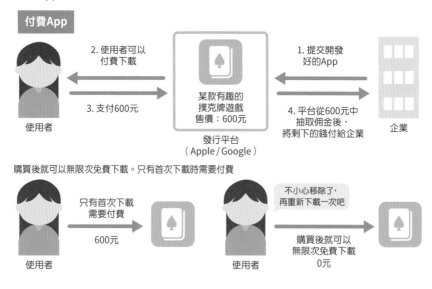

由於買斷模式在下載時就必須付錢，所以營收可以直接從下載量推測。不過，這種模式在東西賣出去後就很難繼續讓玩家付錢，而且近年的手機App排行榜前幾名幾乎都是免費App，所以很容易被淹沒在茫茫App海中，畢竟付費App的下載數本來就會比免費App來得少。

買斷模式大多出現在從家用主機移植過來的遊戲，以及字典、工具程式等類別的App應用程式上。

● App內廣告

這是一種在遊戲畫面中彈出橫幅式或全幅式廣告、影片廣告等，並依照該廣告的**顯示次數、點擊次數獲得的廣告分潤**作為主要獲利來源的營利模式。這種是相對休閒性的手機遊戲，例如重複簡單玩法的遊戲，以及個人開發者製作的遊戲等經常使用的營利模式。

會引進App內廣告的遊戲基本上App本體都可以免費下載遊玩，並會在遊戲中或載入畫面、重新開始畫面上顯示廣告。由於很多廣告商都有公開提供顯示廣告用的軟體開發套件（SDK），開發者實作起來相對簡單，因此很受歡迎。

■App內廣告的顯示方式也五花八門

廣告的顯示方式很多，可分成橫幅式、全幅式等等。
可依顯示次數和點擊次數獲得相應的廣告收益

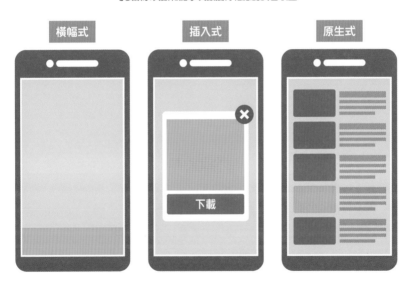

然而，如果廣告過於頻繁的話，就會妨礙玩家的遊戲體驗，磨耗掉使用者的耐心，迫使玩家離開這款遊戲。因此必須適當地安排廣告在遊戲內出現的時間、位置以及次數。

近年則增加了可透過觀看廣告來取得遊戲內道具，或是增加一次重玩次數等，可用觀看廣告來取得「報酬」的獎勵式廣告模式。其中還有結合App內付費，販售可以停止顯示廣告的道具的營利手法。

■透過觀看廣告來獲得遊戲內報酬的獎勵式廣告

最近也有很多App採用可透過觀看廣告
獲得遊戲道具的報酬式、獎勵式廣告

要看廣告嗎？
Yes　No

開始播放

播放完畢

獲得道具!!

在遊戲內任意顯示
是否播放廣告的選項

獎勵式廣告大多是
影片廣告

播放完畢後
回到遊戲畫面

取得遊戲內道具

◎ App內付費

目前大多數手機遊戲採用的營利模式。在日本的手機遊戲中非常流行的**「轉蛋類」遊戲**便屬於App內付費模式。所謂的App內付費，就是在遊戲中的商店付錢購買可在App內使用的道具，然後玩家再透過使用購買的道具，就能夠換取遊戲內提供的各種功能。

最常見的App內付費方法，就是在商店內購買可在遊戲中使用的「金幣」、「石頭」或者「寶石」等道具，然後就可以在遊戲中透過消費該道具，以抽獎的方式取得新角色，或是恢復遊玩所需的體力等，使用遊戲內提供的各種功能。

■很多遊戲採用的App內付費範例

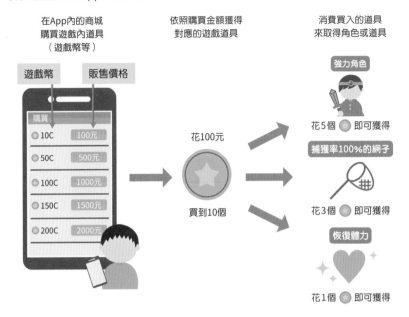

在App內的商城
購買遊戲內道具
（遊戲幣等）

依照購買金額獲得
對應的遊戲道具

消費買入的道具
來取得角色或道具

採用App內付費模式的App也跟廣告分潤模式一樣，大多是App本體免費，即使完全不付費也能遊玩。然而，如果想玩得更盡興，或是想一直玩下去的話，就必須購買遊戲內的道具才能獲得較好體驗。與付費App不同，由於是可持續收費的營利模式，因此很多手機App都採用此種模式。

然而，如果想讓玩家持續遊玩下去，就必須不斷在遊戲內推出新活動或新功能，追加新角色和新道具。這就是現今手機遊戲常提到的「營運」。

◉ 定額付費（訂閱模式）

這是漫畫、雜誌、影視服務常用的收費方法，藉由**支付金額固定的使用費**，換取在一定期間（比如1個月）使用該App或服務的營利模式。近年流行的影音串流服務便是採行這種模式。

■很多影音串流服務採用的定額（訂閱）模式

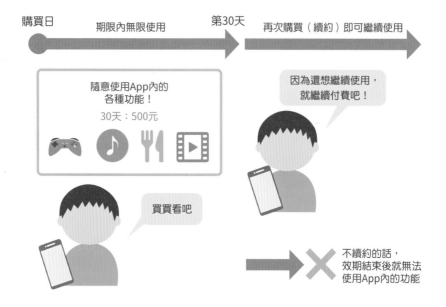

對於定額付費模式而言，很重要的一點是保持內容的更新頻率，讓使用者維持想繼續使用的欲望；假如更新頻率太低，使用者很快就會對內容感到厭倦，難以提高持續性收益。近年有些遊戲除App內付費外，也在遊戲中額外加入定額付費的選項。購買定額付費服務的話，就能在一定期間內每天領取道具，或是挑戰特殊任務等，在效期內獲得各種好處。

總 結

▷ 營收扣掉開發費和宣傳費等開銷後，剩下的才是利潤

▷ 日本的手機遊戲大多採行道具收費制＋免費App制

▷ 休閒型遊戲大多採行廣告分潤制＋免費App制

第 3 章

開發 Prototype

專案啟動，手機遊戲的開發工作正式開始。不論
多麼出色的遊戲，也無法在一開始就看到完成後
的樣貌。為了檢驗自己構想出來的作品方向，首
先會著手開發Prototype版。本章將會介紹
Prototype的開發流程。

15 設定Prototype版的目標

從此階段開始，一款遊戲終於要投入具體的開發工作。本節將會介紹Prototype版的開發概要。

● 什麼是Prototype版？

手機遊戲開發中的Prototype版，指的是先**試做出一款遊戲的核心部分，檢查是否能表現出企劃時設想的趣味性**。

Prototype版的精緻程度會隨著組織文化而改變。但大多數的情況下應該是以俗稱「In-game要素」，使用者最常用到的操作部分（戰鬥或解謎的部分等）為中心，可以檢驗大致遊戲循環的成品。

● In-game和Out-game

在手機遊戲開發中常常會用到「In-game」和「Out-game」這兩個名詞。

所謂的In-game要素，如同上述，是指一款遊戲中**最需要操作的部分**。RPG的話就是戰鬥，解謎遊戲的話就是解謎的部分。可以說是一款遊戲中最顯眼，相當於門面的部分。

相對地，Out-game要素指的是用來**包裝In-game要素的各種功能**。例如在現代的手機遊戲中，便常常加入角色和裝備的強化要素、基地建設要素等用來襯托In-game要素之各式各樣Out-game要素。In-game要素和Out-game相輔相成，有助於提高一款遊戲的吸引力。

■In-game和Out-game

用來包裝In-game的各種功能就是Out-game

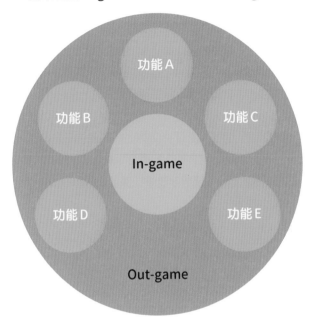

3
開發Prototype

● Prototype和Mockup的區別

對遊戲開發有興趣的人也許還聽過Mockup這個詞。而Prototype和Mockup其實都有試作品的意思。

那麼這兩個詞有什麼不一樣呢？首先必須知道它們實際的用法會隨不同組織和業界而異，而在日本的手機遊戲業界，Mockup大多是指比Prototype更早期、**用來確認部分In-game要素的半成品**。例如RPG的話就是只有戰鬥系統，而且只做出戰鬥系統最基本的部分，用來檢討好不好玩和戰鬥的表演。有些組織更會明確地在開發Prototype前安排Mockup的開發期。此外，在開發進入中期後，要追加不同於通常狀態的動作演出時，有時也會專門為了該動作製作Mockup。

● 開發Prototype要做到什麼程度？

　　手機遊戲的開發工作並不存在嚴格意義上的終點。例如手機遊戲在發行之後，仍隨時會追加細微的修改或功能。在這種情況下，便會遇到「Prototype究竟該做到什麼程度？」的問題。有些開發者很容易在製作過程當中覺得「既然加了這個，那麼另一個也得加」，不小心一直增添東西進去，但開發Prototype的根本用意是「**確認最核心的部分是否跟企劃時想像的一樣好玩**」。

　　譬如以解謎遊戲為例，它的核心要素應該是操作規則、出現的道具種類以及難度平衡和策略的部分，這些元素是否需要搭配詳細的視覺提示才會好玩？答案會因不同的企劃而異。為了檢驗這點，只挑選出**遊玩所需最基本必要的元素**，刻意不放入除此之外的部分，縮短開發時間，**盡可能摸索各種的表現手法**，才是Prototype階段應該做的事。

● 開發Prototype的說服力

　　開發Prototype是**將企劃者腦中的有趣點子化為現實的第一步**。當然，一如前面在企劃書的部分說明過的，文字表達的說服力比起實際上讓東西在螢幕上動起來可是天差地別。甚至有可能會讓企劃者之外的成員對於這個專案的理解從「好像是這樣」的懵懂狀態轉變到「原來如此！」的心領神會。實際上遊戲動起來並親自操作看看，才是理解一款手機遊戲的最短路徑。

■ 圖像比文字更好，會動的比不會動的更好

● 從Prototype開發判斷遊戲好不好玩很困難

由於Prototype是指包含最基本元素的可運作版本，因此想當然現階段各種資訊都會有缺漏。Prototype基本上不會有任何視覺、聲音上的元素，有時甚至連操作方法和規則也不完備。而開發團隊必須在這種狀態預想這款遊戲製作出來後好不好玩，所以非常考驗決策者對遊戲的眼光和解讀力，以及在腦中用想像填補缺少部分的經驗和技術力。

而有時雖然開發組的成員能夠理解，但負責決定公司營運的人卻沒有那種能力。很遺憾的，提前考慮到這一點並思索彌補的方法，也是在開發Prototype時非常重要的一環。

總 結

▸ **Prototype 版是用來檢驗遊戲的核心是否好玩**

▸ **Prototype 階段只需製作最低限度的功能並摸索嘗試各種手法**

▸ **Prototype 的驗證者必須擁有強大的眼光和解讀力**

16 製作規格書

規格書可以說是一款手機遊戲的設計圖。本節將會簡單說明規格書通常會包含哪些內容。

● 什麼是規格書？

在手機遊戲開發領域中，規格書指的是如同**遊戲設計圖的文件**。包含這款遊戲整體的組成、畫面上要顯示哪些資訊、各個功能的意圖或目的、需要處理哪些資料等細節，記錄的內容非常繁雜。規格書會非常詳細地說明每個環節，讓開發現場的成員只需要閱讀規格書就能知道該做什麼。而不同部門的成員都要一邊確認規格書一邊進行開發。

● 為什麼要寫規格書？

手機遊戲中出現的規格非常繁瑣複雜。假如是一個人做遊戲的話，只要自己能夠理解就沒什麼問題，頂多只需要準備一本筆記隨手做個備忘錄；但如果是很多人一起開發的情況呢？假如只有企劃書的話，每位成員就只能按照粗略的概要，憑自己的想像和理解去製作自己的部分，因此很容易在做好後發現素材根本兜不起來。

為了避免發生這種事，就必須建立共同的規則，明確標示各個畫面有何用途和目的，**統一所有開發成員的認識，才能有效率地進行開發**。為此就必須製作一份嚴謹的規格書。

規格書應記載的項目

規格書通常會包含下列的資訊，**運用文字、圖片、表格等工具，鉅細彌遺地記錄所有畫面和功能**。除此之外，規格書還會記錄在In-game部分要顯示哪些資訊，所有可用的操作以及做出那些操作後系統會有哪些反應等等，具體的內容也會隨遊戲的類型和內容而大異其趣。不同組織和團隊在製作規格書時使用的工具也不相同。以前都是在本機端製作完成後再上傳到伺服器分享，而近年來使用網頁工具的情況則日趨增加。網頁工具的好處是資訊更新容易，且可以多人同時編輯。

■規格書記載的項目範例

項目名稱	概要
畫面轉移圖	顯示各畫面之間的關係與如何轉移的全像圖
功能列表	列出所有遊戲內功能的清單
畫面框架	記錄要在畫面內顯示的資訊或功能，以及它們所在位置的圖
畫面內詳細功能	每個畫面內元素的功能、操作方法與反應等的詳細資訊
功能處理流	顯示各功能會做哪些處理的流程圖
資料規範	各種資料的製作原則和計算方法
基本項目	畫面和功能使用的基本資料的名稱和概要
各種資料	依照規範製作的數值等資訊
特殊用語解釋	與世界觀相關的獨創術語的說明
團隊情報	與團隊運作相關的規定和職能分配表等資訊

規格書與企劃書最大的差異

企劃書也會記載遊戲的內容，但企劃書的精細程度非常低，裡面的內容有很多閱讀者自己想像的空間。但基本上只要是具備開發知識的人，儘管會有表達上的差異，在讀過規格書後都會做出功能上完全相同的東西。這是因為兩者的目的並不相同：**企劃書要傳達的是遊戲的樂趣所在，而規格書要傳達的則是遊戲的詳細資訊**。

■只要有精密的規格書，不管由誰實作都能做出相同功能

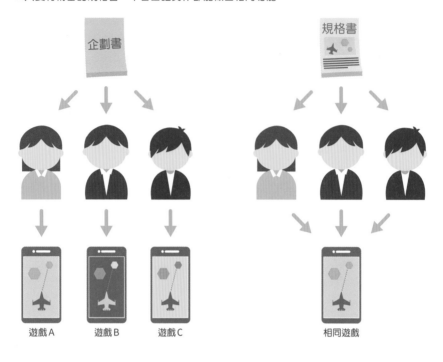

⬤ Prototype版的規格書

　　由於在開發Prototype的階段還不需要做出所有功能，規格書會**聚焦在與In-game部分有關的規格**。因此這個階段的規格書完成度雖然比較低，但因為不斷地嘗試摸索也很重要，所以只要寫好重點的部分就能順利推進開發工作。當團隊成員的技術力較高，溝通又很熱絡的時候，有時光靠口頭敘述便能讓開發繼續前進。

　　雖然存在無法留下精細規格的缺點，但同時這種規格書也具備只要能保持一定的開發速度，就有空間摸索更多可能性的優點。

● 規格書在開始營運後也派得上用場

　　規格書不僅能運用在開發期間，在遊戲正式營運後也會使用到，是非常重要的資料。因為一款遊戲在營運多年後，初期的開發成員常常早已離開，改換新成員接手；此時若規格書寫得不夠嚴謹，後面的人就會搞不清楚**這個功能當初是為了什麼而開發、為什麼要這樣設計、為什麼會有這些參數**。

　　為了盡可能預防此類悲劇，就必須製作精密的規格書，並不斷更新規格書，使其維持在最新的狀態。

■規格書要做成即使人員更替也能看得懂

沒有規格書的團隊

新加入的成員

有規格書的團隊

新加入的成員

總 結

▶ **規格書是手機遊戲開發的設計圖**

▶ **不論誰來開發都能做出相同內容最理想**

▶ **規格書是遊戲發行後也要持續更新維護的重要資料**

17　Prototype的技術驗證

定好遊戲的規格後，接著終於要開始製作實際會動的東西了。也就是根據規格書和驗證項目試做遊戲（Prototype）。

● 為什麼要做Prototype？

　　為了確認這個遊戲有沒有可能做出來、玩起來是否有趣、該用哪種方法來製作比較好等，我們必須先製作Prototype。假如不做Prototype就直接開發正式版，萬一途中遇到技術上的問題，或是發現遊戲本身沒有原先想像中有趣的情況下，將會損失大量的時間和金錢。

　　進入Prototype階段後，首先要決定製作哪些部分。也就是**只挑出最能展現這款遊戲趣味的核心部分**。

　　Prototype必須快速開發，快速檢驗。為此必須思考要採用哪種製作環境。

　　例如需要設計關卡的遊戲，可以使用自帶相關工具的遊戲引擎，用簡易的美術素材製作Prototype。假如企劃人員會使用遊戲引擎的話，也可以由企劃人員自行製作關卡。

　　而假若需要3D建模的角色或背景等，則可沿用以前做好的遊戲素材，或是購買遊戲引擎商店提供的免費素材或付費素材，這麼做就可以大幅節省製作素材的勞力。而且這種做法也不需要美術人員參與，光靠企劃和程式部門就能搞定。

好玩嗎？

快速製作

從簡製作

選擇遊戲引擎

決定Prototype要做哪些內容後，接著要選擇遊戲引擎。手機遊戲最常用的遊戲引擎是**Unity**，但因最近智慧型手機的性能提升，也開始有遊戲使用**Unreal Engine 4**。此外選擇遊戲引擎時還必須考量製作Prototype的人員技能。最好的情況當然是選擇負責製作Prototype的成員熟悉的開發環境，所以依照要做的內容挑選適當的製作人員也相當重要。

選好引擎後接著要決定測試用的設備。在Prototype階段通常會使用性能比較好的手機進行測試。因為Prototype版的遊戲尚未經過最佳化，大多功能都是硬寫出來能跑就好。另外，還要決定是要在iPhone上測試，還是在Android上測試，或是兩邊都測試。Android的話只要在手機上做好設定，馬上就能開始實機測試。iOS的話則必須先購買Apple Developer Program的開發者帳戶。購買完成後還得填寫各種資料才能開始在iOS設備上運作，第一次設定時相當麻煩。而企業的Apple Developer Program還需要先取得DUNS編號，一般來說從申請到通過審核至少要預留一個月的時間比較保險。

iPhone　　　　　　　　　　　　　　　Android

● 挑選中介軟體、外掛元件、OSS

　　為了**用最快速度做出遊戲的必要功能**，假如已經有現成的中介軟體、外掛元件或是開源軟體（OSS）實作出該功能的話，就請積極使用這些現成軟體。

　　譬如在技術驗證時，需要用到一個遊戲引擎沒有提供，直接調用手機攝影鏡頭的功能。若要自己實際製作，就得開發原生程式，成本相當高。此時就會先去尋找看看有沒有現成的外掛元件能用。不過在安裝外掛元件時需要留意該元件支援的遊戲引擎版本和手機OS版本。

　　另外，在選擇現成素材時也必須提前考量做完Prototype後的正式製作。例如，假設某個OSS有這款遊戲無論如何都會用到的功能，但該軟體的授權條款可能並不適合用於商業發行。又或者會遇到雖然很想用某個中介軟體，但它的授權費卻遠遠高過遊戲發行後的預期收益。所以說在選擇工具時，也必須提前考慮進入正式版開發階段後的狀況。

◉ 試玩

　　做出Prototype後，接著就要實際試玩看看。在試玩時請仔細觀察試玩者的反應。請一邊觀看他們遊玩時的遊戲畫面，一邊確認他們是否能很快理解操作方法、用什麼邏輯去操作、在哪裡遇到困難、是否有發現規格上的缺失、在遊戲的哪些環節感受到樂趣，這些都必須仔細觀察。

　　然後再分析**從試玩過程得到的回饋**，迅速修正或改良。接著，再進行下一次試玩，反覆進行改良修正。

■試玩

重複試玩和改良

改良

試玩

很好玩！

決定製作！

總 結

▣ **Prototype只需要包含遊戲的核心部分，用於評估是否要開發正式版**

▣ **Prototype講究的是開發速度**

▣ **Prototype需反映在試玩中得到的回饋，反覆進行改良和試玩**

18　檢討美術和音樂概念

美術和聲音是構築遊戲世界觀的重要元素。本節將一一舉例，帶你了解開發過程中是如何決定製作何種素材的。

◉ 什麼是美術？

　　這裡說的「美術」，是指手機遊戲中**用來表現視覺風格的圖片和模型**等等。遊戲美術最為人所知的部分有角色設計、用於呈現世界觀的背景以及作為招牌的主視覺圖，但除此之外其實還有非常多的元素，在開發過程中每個都必須一一檢討。

　　相信大家都知道，光有角色的立繪是無法做出一款稱得上遊戲的產品。還必須檢討實際遊戲畫面應如何呈現，以及如何統一UI的風格等等，使所有的視覺部分具有統一感。而最重要的，則是**如何透過視覺元素表現出這款遊戲的特色，這些全都屬於美術的範疇**。

◉ Prototype開發階段的美術製作

　　在Prototype開發階段到底要做到什麼程度，每個組織和專案的答案可能都不一樣，但在這個階段通常會決定好包含主要角色在內的設計方向。不過，也可能在企劃階段就已經決定方向，或者是直接利用現成IP等，在這些情況下基本的視覺風格一開始就已經決定好了。

　　話雖如此，就算使用現成IP，也不代表可以直接把現成的插畫拿來遊戲內使用。因為普通的插畫和遊戲所用的視覺表現手法重視的點並不相同。手機遊戲存在互動的元素，必須思考美術要採用2D還是3D、會動還是不會動、特效如何表現以及遊戲的類型和方向，然後將想法反映在開發過程中。

■ 只有插圖是無法做出遊戲的

2D?3D?

特效怎麼辦？

會動嗎？

要做到多精細？

🔵 Prototype版要呈現多少美術風格

　　Prototype版主要驗證的是「**這款遊戲完成後好不好玩**」。美術雖然也是手機遊戲中的重要元素，但不一定與一款遊戲好不好玩存在直接關係。例如一款棋類遊戲的棋子做得帥氣好看，與這款遊戲的遊戲性就沒有直接關係。當然使用設計帥氣的棋子遊玩的話，心情會更爽快，對於遊玩體驗也有加分效果。所以在開發Prototype時，通常會把視覺部分控制在能讓試玩者體會到遊戲性的最基本程度。

　　由於最近很多公司是用遊戲引擎來開發，因此Prototype有時也會直接套用線上商店販賣或贈送的素材（圖片或特效等等）。當然也有些遊戲的遊戲性與外觀部分有直接聯繫，這種情況則會準備可想像出最終畫面的簡易版素材。

　　在Prototype開發階段，檢驗遊戲性比外觀更重要，所以外觀部分大多是用暫時性素材，之後再替換成正式素材。雖然使用接近正式版的素材，在反覆測試摸索時會更容易找出問題，但缺點是開發成本和開發時間會隨之增加。這部分的取捨會隨專案重視的層面而調整，但大多數情況下美術的檢驗會跟主開發階段平行推進。

■在Prototype開發階段有時會把美術元素控制在最精簡

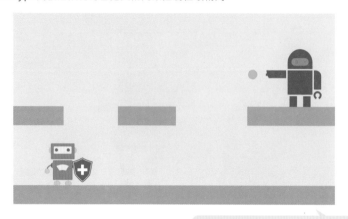

使用能看出遊戲性的簡易外觀就足夠了

什麼是聲音？

　　手機遊戲中的聲音元素可粗分為**BGM（Background Music，音樂）**和**SE（Sound Effect，音效）**。遊戲聲音中的花旦一般是BGM，近年還要再加上主題歌等音樂，而SE則是不起眼但影響力非常大的綠葉。例如在攻擊時配上輕盈的碰撞聲「叮！」或沉重的碰撞聲「鏗！」，儘管角色的動作都一樣，但搭配上不同的聲音後，後者的攻擊力道給人的感覺就會強大許多。此外雖然都叫做音效，但現實的聲音和非現實的聲音表現出來的氛圍也完全不同。即使配上一樣的動作，前者的感覺會更加真實，而後者則可營造喜劇性的氣氛。

　　如同上述，即使只是一個不起眼的音效，也能大幅改變遊戲的方向性。儘管遊戲世界發生的現象大多是非現實的，但SE卻能在毫無違和感的情況下為玩家帶來真實感。這點當然也適用於BGM。總而言之，聲音元素**要能夠適切配合遊戲的互動性，且相較於聲音的製作工時，對於遊戲具有更強大的影響力**，可以說是性價比極佳的演出元素。

◉ Prototype版的聲音要做到什麼程度？

Prototype版基本上**不會加入聲音**。一如前述，聲音元素，特別是SE的演出效果極佳，而且對操作者有很強的影響力，因此很可能會給人「這款遊戲好像很好玩」的錯覺。而且在聲音方面使用暫時性素材，有時可能會令開發成員對聲音風格產生既定印象，導致後面換成正式素材時反而有種「不太對勁」的感覺。

所以說，在Prototype版加入聲音反而會阻礙遊戲性的驗證工作。

◉ 提振開發成員鬥志的效果

Prototype只會放入最基本的美術元素，而且完全沒有聲音。然而，如果此時先做好主視覺概念圖或印象圖、主題曲的話，可以提振開發成員的鬥志。**因為這些元素有助於開發成員想像自己做的專案最後會呈現出什麼樣子**。雖然現在用的是暫時性素材，但完成之後會變成這樣！如果讓開發成員有參考物去進行這種想像，不僅在反覆嘗試時能提供新的靈感，開發時也會更有動力。

總 結

▸ **美術元素控制在最基本程度，專心摸索遊戲性**

▸ **聲音的表演力太強，所以不能放**

▸ **主視覺概念和主題曲有助於在反覆嘗試時刺激靈感**

19　測試與推倒重來

Prototype版開發到一定程度後，便能夠從已可運作的部分開始試玩。本節將介紹試玩後如何根據試玩結果改良遊戲。

什麼是試玩？

開發推進至一定進度後，就會開始進行試玩，檢查遊戲是否可如預期運作。這項工作的主旨是**檢查在企劃書和剛開始開發Prototype時設想的「趣味點」能否實現**。這是檢驗在腦中想像、用企劃書寫成文字、用規格書訂下細節、好不容易初具雛形的遊戲的骨幹部分是否可行的重要作業。包含開發成員在內的測試者們會從各種角度審視基本玩法，並用Prototype版來理性地檢討這款遊戲的必要元素。

靠試玩判斷遊戲性很困難

絕大多數情況下，一款遊戲最初設想的趣味部分都是無法實現的。因為人具有先入為主的主觀性，而且通常只要是自己想出來的東西都會覺得很有趣，因此往往只會看到自己想看的部分。所以在看到東西實際做出來，發現跟腦中的想像存在差距，就會產生不協調感。而且大多數的情況下，Prototype不會是企劃者一個人做的，因此除了自己親自負責的部分外，其他東西往往會跟自己想像的不一樣。

況且把「趣味點」化為言語本來就是非常困難的一件事。因為每個人內心覺得「有趣」的體驗都不一樣，比喻得極端一點，就算是用同一個字詞，也不見得每個人心中想到的感覺都相同。由於在試玩後的回饋階段會得到很多來自不同觀點的意見，因此要如何詮釋它們、如何理解它們，是一項非常高難度的工作。這時萬一做出錯誤的判斷，將對之後的開發造成極大影響，所以負責做最後決定的遊戲總監和製作人責任相當重大。

● 將不協調感化為言語

　　假如做出來的東西跟想像完全一樣當然很好，但如果不是的話，就必須把自己覺得不協調的原因化為言語，提出來跟開發成員一起討論。為什麼會覺得不對勁？該怎麼修正才能更接近原本的想像？又或者是否需要從根基開始再重新思考？這些全都必須用言語表達。

　　遊戲總監、製作人以及各部門的主管會一起開會，針對每個部分詳細檢討，再將總結出的結論轉達給開發成員。因為人類是一種只能依賴語言和圖像溝通的生物，所以這個步驟雖然很耗費時間，卻是不得不做的重要工作。如果不在這裡把話說清楚，開發成員就只能靠各自的理解去解決問題，最後可能會導致難以收拾的結果。

■不把不協調感化為言語，可能會增加回頭修改的工作量

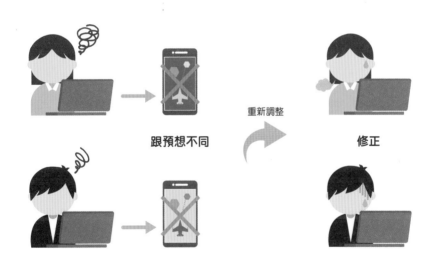

跟預想不同　　重新調整　　修正

● 什麼是推倒重來（Scrap & Build）

一如字面，就是Scrap（破壞）與Build（建立）的循環。意指在測試之後判斷先前做的東西無法呈現趣味的部分，故將其捨棄從頭重做的意思。

有時推倒重來會以一個功能為單位，有時則會把整個Prototype都丟進垃圾桶，從零開始重新來過。

把腦中想像的東西順利地輸出到現實是很困難的事。唯有不畏破壞，不斷挑戰新的事物，最後才能獲得好的結果。

● 推倒重來的價值

話雖如此，把好不容易建立的成果統統丟掉，是一件非常打擊士氣的行為。那麼為什麼還要這麼做呢？這一切都是為了做出更好玩的手機遊戲。

為了找出把最初抓住的靈感和熱情化成現實的方法，必須不斷地反覆嘗試、摸索。在開發Prototype時，如何以最快的速度重複「建構→評估→捨棄→再建構」的循環至關重要。不論多麼有經驗的開發者，也不一定每次都能運用先前的成功經驗馬上找到答案。這是因為這次做的遊戲類型可能跟上次不同，也或者是時代發生了變化。

同時，由於現代手機遊戲從開發Prototype到發行的時間有長期化趨勢，因此更需要提高遊戲品質，做出上市後可以留住玩家好幾年的遊戲內容。而想做到這點，就必須重視推倒重來和評估驗證的過程。

這個流程不僅能增加開發團隊的經驗，也有助於提高各成員間的溝通能力和磨合度，對決定團隊建立方針也十分有用。

完成Prototype版

結束Prototype的開發後,終於能稍微看到這款手機遊戲未來的模樣。此時遊戲的內容可能已經跟立案之初不太相同。在推倒重來和評估驗證的過程中,開發團隊可能會發現更好玩的玩法,並在判斷改變方向不會影響開發後,選擇變更原始的設計。這既是遊戲開發的艱難之處,也是樂趣所在。不過,走到這步後,我們也終於從起跑線往前邁進了一大步。

Prototype版的決議

在大多數公司內,每隔一段時間就會像企劃立案時一樣由握有決策權的成員開會決定該專案是否繼續做下去。每次會議都會定下開發期限,並檢查上次設定的目標是否達成,又或者是在沒達成的時候決定要不要修改方向。在Prototype的開發階段也會開一次會,此時會檢視這款遊戲最重要的「趣味點」本質是否有按照企劃書的設想呈現,假如沒有的話又跟原始設計有何不同。特別是跟外部組織合作開發的場合,每次內容出現變化時都必須重新向對方簡報變更的原因,並讓對方相信變更後遊戲依然會很好玩。

假如這裡做出了錯誤的決策，後續修正的成本將非常龐大，所以每一步都必須非常謹慎。最壞的情況可能直接導致專案終止，團隊遭到解散，所以一定要拿出全力做好萬全準備來應對這場會議。

■Prototype版的決議

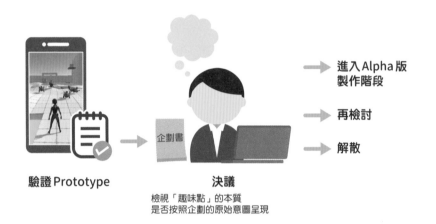

驗證 Prototype

決議
檢視「趣味點」的本質
是否按照企劃的原始意圖呈現

進入Alpha 版
製作階段

再檢討

解散

企劃書

總 結

▸ 試玩的結果要反映在開發過程中

▸ 用推倒重來的步驟提升遊戲品質，並累積團隊經驗

▸ Prototype的決議對後續開發有極大影響，是至關重要的節點

開發Alpha版

跨越Prototype版的開發階段後，接著就會進入
Alpha版的開發。此階段會根據先前做好的遊戲
雛形開始製作具備完整遊戲循環的版本。Alpha
版和Beta版有許多相似之處，因此本章也包含
了部分Beta版的開發內容。

20 | Alpha版和Beta版

結束Prototype版的開發後，已經能窺見遊戲的整體雛形。下一步就是著手開發Alpha版和Beta版。

● 什麼是Alpha版？

Prototype版只具備以In-game要素為中心的粗略功能，而Alpha版在此之上還包括完整的遊戲循環。**Alpha版具備發行時所有必備的功能，且在外觀上也非常接近完成版，可用以預檢完成版的狀態。**同時在這個階段，美術和聲音也會以最終版本為目標逐次加入遊戲內。

■擴充在Prototype版開發的核心部分，做出完整的遊戲

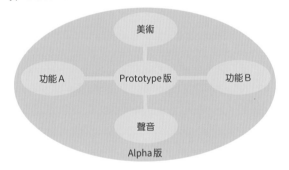

● 開發Alpha版的目的

Prototype版的目的是檢驗遊戲的「趣味點」，Alpha版則是用來**檢驗遊戲整體的品質和手感**。Alpha版會結合進開發Prototype版時分頭製作的美術和聲音素材，看看這款手機遊戲整體的質感。

看過實際組合各種元素的完整圖像後，便能預測這款遊戲最終可達到何種品質。此外，包含在Prototype版開發階段的部分在內，Alpha版會把整體的操作感

和畫面轉移都跑一遍，確定遊戲操作的手感。

● 什麼是手感？

　　手機遊戲開發領域近幾年常常可以看到「手感」這個詞。雖然不同人和組織對於這個詞的定義可能會有些許出入，但整體來說指的是「**操作遊戲時使人感到舒適的體驗**」。

　　手機遊戲最早起源於網頁遊戲，而網頁遊戲的操作體驗深受設備和瀏覽器的功能限制。而網頁遊戲的操作基本上就那一兩種，按下按鈕，然後收發封包讀取畫面……也因為這樣，手感的概念仍十分稀薄。這段時期持續了數年，直到智慧型手機問世。隨著用直接觸碰螢幕來操作的概念日益普及，手機遊戲才終於有了「操作」的體驗。當然觸控操作的體驗跟用控制器操作完全不同，發展出了自己獨有的演化路線。結果，手機遊戲也跟主機遊戲一樣變得十分重視操作的舒適度，而「手感」一詞描述的便是這件事。

■ 隨著硬體設備進化，手機遊戲也出現了「手感」

時代變遷

● 什麼是Beta版？

　　為已具備基本遊戲循環的Alpha版補上更多血肉，並加入發行時所需的所有資料後的版本就是Beta版。此時期會量產包含美術和聲音的所有素材放入遊戲，是以上市發行為前提的最終階段。

　　雖然每款遊戲的開發故事都不一樣，但大多數遊戲Beta版開發時的容量都

會比最初設想的更加龐大，導致所有部門的作業都跟著增加，通常會是整個開發過程的最大難關。

開發Beta版的目的

開發Beta版本的最大目的是**把在企劃階段設想的趣味點統統加入遊戲，完成遊戲並調整到可以上市的狀態**。除此之外，以開發中的know-how為基礎，**獲取可建立上市後具體營運計畫的資訊**也很重要。

在Beta版的開發工作中，必須預判手機遊戲中包含的各種元素需要多少工作時程才能完成，並確立開發Alpha版時尚未決定的開發規定和政策，再透過最佳化工作提升預估的精準度。這麼做有助於更具體地檢討後續的營運計畫。

此外，雖然不一定適用於所有開發者，但手機遊戲既是藝術品也是商品，因此有時整備好環境後，開發者很容易落入不斷追求細節的陷阱。

但一味追求細節而拉長開發期，不僅讓玩家玩不到你的遊戲，在商業方面，也可能導致組織無法維持下去。在確保遊戲擁有自己所期待的藝術性的同時，也要設定這款遊戲作為一個產品的交貨期限，在該放手時適可而止，也是開發Beta版時的一大要點。

Alpha版和Beta版的差別

Alpha版和Beta版最顯著的區別，在於兩者飽滿度的不同。理想的情況下，一款遊戲的骨幹應該在Alpha版就完全確定。

然而開始為遊戲加上血肉後，也必須去檢討各種可能發生的異常操作和分支版本。此外還要調整細節和追加演出，所以有時在Beta版順利開發成功後，完成度會跟Alpha版完全不一樣。

■Alpha版和Beta版的差別

總 結

▫ **Alpha 版是用來確認整體的品質和手感**

▫ **Beta 版會為遊戲加上血肉，檢驗完成後的狀態**

▫ **Beta 版不只是單純加上血肉，也會做各種調整**

21 遊戲循環的設計和規格書的製作

手機遊戲業界近來普遍會設計包含中心玩法在內的遊戲循環。而本節接著就要介紹此部分，並一併介紹可以說是遊戲設計圖的規格書製作。

● 什麼是遊戲循環？

所謂的遊戲循環，一如字面意思，就是指**如何使遊戲的玩法循環下去的設計**。由於手機遊戲主要是以手機為遊玩平台，一定會遇到很多利用零碎時間遊玩的場景。所以除了In-game部分必須好玩之外，如何設計出能襯托In-game部分魅力、使人沉迷的Out-game元素也很重要。

■ RPG的遊戲循環範例

透過戰鬥獲得素材　　　　　強化素材　　　　　與更強的敵人戰鬥

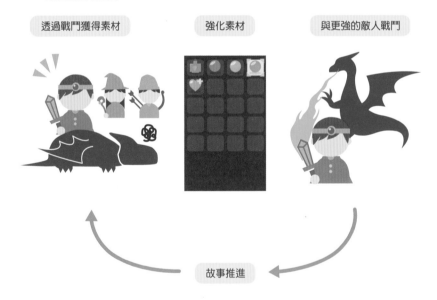

故事推進

● 遊戲循環的設計

設計遊戲循環時，首先必須重新檢視In-game的部分是由哪些元素組成。

理論上在Prototype開發階段就能一定程度看見遊戲的In-game部分有哪些元素，因此只要以Prototype為基礎來設計即可。不論In-game部分多麼有魅力，要是毫無變化、總是重複同樣的事情，也會令人厭煩。所以在設計時就必須檢討In-game部分包含哪些元素，用何種路徑使之發生變化或成長，又該把必要的付費元素配置在哪裡。完成度高的手機遊戲，遊戲循環通常也都做得十分用心。

● 遊戲循環左右銷量

一如字面，既然遊戲循環是一種循環，那麼如何使之循環下去就非常重要。假如遊戲中有某些要素發生分歧後就會進入死胡同，或是所有要素都剪不斷、理還亂地混在一起，那麼遊戲就無法流暢地循環下去。手機遊戲若無法循環遊玩，特別是對已經上市發行的手機遊戲，將會對銷量造成致命性的影響。

在日本發行的手機遊戲絕大多數都有App內付費元素。其機制是在遊玩過程中刺激玩家產生各種的欲望，再提供可滿足該欲望的道具來吸引玩家付費。因此若遊戲循環的完成度低，就不容易刺激玩家產生欲望，直接導致營收無法成長。雖說就算完成度很高，也無法保證營收會有等比例的增加，但失敗的背後一定有其原因。而由於遊戲循環是建構整個遊戲的基礎，事後修正非常困難，其影響最後一定會一點一點反映在營收和營運成本上。

■ 遊戲循環的設計決定遊戲生死

戰鬥　　　　　　　勝利　　　　　　　獲得可使角色變強的道具

戰敗　　　　　　　想勝利的欲望　　　　　　　付費

離去（若無付費以外的方法，玩家可能會離開遊戲）

○ 遊戲循環的設計要點

設計遊戲循環的第一個步驟是檢驗並分解In-game要素。此過程中要列出所有參數，檢討要如何在遊戲中使這些參數成長和變化，建構起遊戲循環。而設計遊戲循環時最重要的一點，是**設定營運方可以控制的關鍵參數**。

若把所有東西都嚴格綁住，一款遊戲會給人綁手綁腳、毫無自由的印象；但若找出能使遊玩體驗更上層樓的要點，只控制著這些點，則能適度地增加遊玩時的壓力。通常來說，一款遊戲在玩家過關的過程中會週期性地出現難以克服的高牆，而跨越那堵高牆所需的要素就是關鍵參數。如果這項要素太容易取得，高牆就會失去高牆的功能，使遊戲變得無趣。

● 製作Alpha版的規格書

規格書基本的內容和重要性已在第3章講解過。這裡我們稍微說明一下Alpha版階段時的規格書製作。

在開發Prototype版時，主要是以In-game要素為中心來製作規格書；而Alpha版的規格書範圍則會擴展到**遊戲整體的結構和遊戲循環**。包含每個畫面要顯示哪些元素、畫面如何轉移以及各種參數和需要傳輸資料的地方及資料內容，都必須詳細記錄。進行到這個階段，製作規格書的作業量將十分龐大，所以會切割成許多部分分配給多個人製作。

因此會運用工具軟體或網路工具，設定好要記錄的內容和規則後才開始作業。

● 製作Beta版的規格書

包含遊戲循環的基本規格在Alpha版就會做好，所以Beta版主要記錄的是追加要素、分支版本、異常狀態相關的部分。另外，在此階段也會制訂用於管理手機遊戲中會用到的各種資料的master資料庫的規則。

還有，在Beta版階段**針對後續營運設計各種方針**也非常重要。譬如消耗哪些道具、消耗多少可以獲得什麼，玩家平均又要花多少時間才能達成等等，包含關卡設計在內的重要方針也要記錄在規格書上。

總 結

▷ 遊戲循環的設計是為了讓遊戲能夠循環遊玩

▷ 遊戲循環具有左右銷量的重要性

▷ Alpha版的規格書會記錄遊戲整體，Beta版的則會追加與資料面有關的內容，故數量很龐大

22 | Alpha版的技術驗證

一款遊戲通過Prototype階段後，接著就會開始製作Alpha版。每間公司和專案的Alpha版內容皆不相同，但大多會製作出可破完一個完整關卡，幾乎可完全遊玩的版本。

● 開發環境的整備

決定開始開發Alpha版後，首先必須整備好可使接下來的開發工作**有效率推進的環境**。

遊戲引擎大致上會沿用Prototype版時所用的產品。但一般來說會捨棄掉製作Prototype時的專案檔，開一個全新的專案檔。這是因為在製作Prototype版時，最重要的是開發速度，所有功能都是以能動就好為原則硬做出來的，程式碼和資料幾乎都沒有經過整理。

建好新的專案檔後，首先為了決定程式碼和資料等必要檔案要放在什麼地方，必須先思考資料夾結構。資料夾結構通常是由程式部門來決定，但圖形素材的資料夾有時會由技術美術部門來決定。

另外在原始碼的部分，由於比起Prototype階段會有更多程式人員加入，因此還得決定程式碼規範、管理原始碼的方法以及建置（build）和散布的方法等。

而以整個團隊而言，還必須決定這些規則和規格書、技術性文件要保存在哪裡，以便所有人都能夠隨時查閱，以及要使用什麼通訊工具、使用哪種管理專案進度的方法。

■ 決定開發環境

規格書

編碼規則

文件

Confluence
slack
Chatwork
GitHub
unity
UNREAL
ENGINE

● 決定目標手機規格

然後是根據做好的遊戲運行所需的硬體規格，設定**目標的推薦規格**以及**最低規格**。此外還要決定是否開發Android、iOS雙版本，以及是否要讓遊戲也能在平板電腦上運行。

同時也得決定OS的最低相容版本。在Android和iOS上，不同版本可用的API也不一樣，因此必須思考自己的遊戲要向下相容到第幾版的OS等技術面。

另外各平台的發行規範和審查標準也會每年改變。這部分一般會提前公布，所以要確認遊戲上市的時間適用新版標準還是舊版標準。有時審查標準中會規定需支援的最低OS版本，因此這部分的變更也可能跟OS版本有關。

iOS轉移到新版OS的速度較快，所以遊戲上架時有時必須針對新OS版本做調整。而Android使用者的OS升級速度比較慢，所以必須讓遊戲也能在較舊版OS的手機上運作。遊戲究竟要支援哪個範圍的OS版本，還必須考慮每個OS版本的市場占比後再決定。

這裡決定的最低相容規格和推薦規格在開發時也會用到，且在發行前的QA階段一定會用來測試運作，所以請事先準備好該規格的設備。

■決定手機的硬體規格

各種規格的設備

CPU？
記憶體大小？

GPU？
OS？

● 決定資料的製作方法

為了準備量產將在Beta版中用到的各種資料，通常會先在Alpha版階段透過反覆嘗試解決技術面的問題，並決定要採用哪種資料格式。

與圖形有關的資料製作方法會由美術和程式部門共同制訂。制訂原則是讓不同美術人員都能做出相同規格的資料。譬如若這款遊戲中的3D模型的身體組件可在遊戲內替換，為了替換這個組件，就必須先決定這個資料的製作方法。

除此之外，還要決定遊戲內各種參數的主資料（master data）該如何製作、編輯。另外，也必須考慮這些資料在開發環境中的反映方法，以及在實機上應如何維持。在Alpha版階段，很多原本要之後才開放下載更新的資料也會提前放在客戶端中。舉例來說，如果使用Google試算表製作主資料，就可以在開發用的PC上利用電子試算表的API即時取得主資料，使企劃所做的變更立即反映在開發環境中，讓企劃人員自己進行參數的調整。

另外，最好也要決定在地化資料的製作和反映方式。因為事後再來弄的話會非常累人。

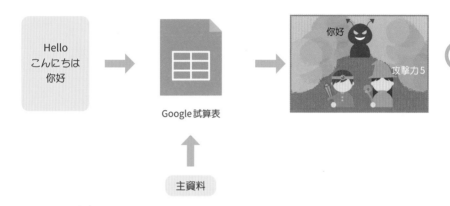

● 中介軟體、外掛元件、開源軟體的選擇

根據Prototype版中遊戲核心部分所用的外掛元件評價結果,決定是否要繼續使用該外掛元件,或是要自己開發新元件等。

另外,儘管跟遊戲沒有直接關係,但也可以引進可使開發工作更方便的外掛元件。例如讓開發中的遊戲在運行時替程式log檔上色的功能、可顯示除錯訊息並改變參數的支援用外掛元件。

如果是用Unity或Unreal Engine 4的話,可在專用的線上商店購買外掛元件。購買後就能夠獲得該外掛元件的完整授權,所以就算銷售利用該元件開發的遊戲也不會有問題。

必須注意授權問題的是在使用到開源軟體的情況,這部分最好一開始就確認清楚。

而若使用市面上販售的中介軟體,則應先確定該軟體的收費方法和價格再決定是否使用。一般最常用到中介軟體的是聲音相關的素材,譬如Wwise、CRI ADX就是日本最常用的中介軟體。

■素材商店

◉ 挑選伺服器

在Prototype版階段有時製作過程會跳過伺服器的部分，但Alpha版階段就一定要用到伺服器。因此必須決定伺服器要架設在哪裡、如何架設。

首先要考慮這款遊戲的伺服器必須具備哪些功能。大多數的手機遊戲都會使用WebAPI，所以必須要有一個**網頁伺服器（Web Server）或具有與WebAPI相同功能的伺服器**。最常見的有Amazon AWS EC2和Google Firebase Functions等。

此外還需要一個用來儲存使用者資料的**資料庫（Database）**。資料庫有幾個不同種類，請挑選適合這款遊戲的種類。但我認為手機遊戲應該大多是用MySQL。

還有，遊戲的素材容量往往會變得很巨大，所以還需要一個能儲存和供人下載素材資料的**檔案儲存庫（File storage）**。可選用Amazon AWS S3或Firebase Cloud Storage等服務。

其他像是遠端推送通知的功能和驗證伺服器等，若有需要的話也會使用。例如MMO這類的大型多人線上遊戲，應該還會需要一個即時同步使用者資料的伺服器。

在Alpha版階段，應該先租用價格比較低的小型服務或方案即可。等到Beta

版階段再來檢討有沒有必要擴大規模。

■思考伺服器的組成

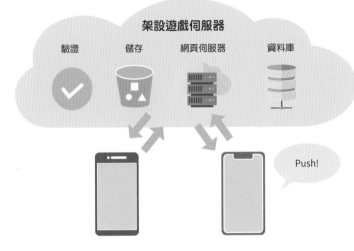

總 結

▶ 在 Alpha 版階段，為使將來的開發工作更流暢，應分別整備好客戶端和伺服器端的開發環境

▶ 要決定手機遊戲目標的最低規格以及推薦規格

▶ 決定以量產為目的的資料製作方法

23 美術指導

從Alpha版開始，便會正式開始製作堪稱手機遊戲門面的主視覺和角色設計。本節將說明哪些素材該依循哪種思路來製作。

Alpha版以後的美術製作

在Prototype版開發階段，美術相關的素材被刻意控制在能看出遊戲性即可的最低程度，但從Alpha版開始就會正式投入製作。由於在這個時間點已經能大致看出未來開發需要的組件，因此首先會決定美術資源的規格。

■根據Prototype版檢討需要哪些組件

・各場景需要哪些素材？
・UI會有哪些動態？
・整體的美術方向為何？
・特效和表演要怎麼做？
・如何實作？

RPG
武器
角色
戰鬥

整體美術的方向

隨著手機性能的提升，手機遊戲的美術部分對精緻度的要求愈來愈高。手法和表現方法都愈來愈多元，與此同時不同表演方式的選擇也會影響製作成本。因此會以負責統合美術風格的美術總監為中心，協同製作人和遊戲總監一起討論最適合這款遊戲的表現手法。

一旦表現的方向確定後，接著就會開始摸索量產它的方法。插畫和美術的屬人性傾向比較高，因此在手機遊戲中不只是開發階段，包含營運階段也必須跟許多位美術設計師一起合作開發。因此美術總監會確實釐清表現手法和節省成本的部分，並思考如何維持美術品質來進行美術部分的指導。

○ 角色設計

　　堪稱遊戲美術招牌的角色設計雖然是一份做起來很有動力的工作，但相對地難度也很高。角色設計由誰來做，這個問題的答案會根據專案而有所不同，但無論如何都必須考量專案的方向和製作人與遊戲總監的意見，並設計出最適合這款手機遊戲的角色。

　　完成角色的設計後，為了發包製作遊戲內使用的素材或插畫，還會再進行詳細的設定。許多插畫師和美術設計師都會依據這份資料來進行設計。接著負責監修的人會檢查完成的素材是否符合要求，若有不符合之處，會指出哪裡有什麼問題，請負責人員進行修正。

○ 實作用的角色製作

　　完成角色設計後，接著就開始製作要實際在遊戲中動起來的組件和素材。

　　在某些遊戲的內容中，角色的頭身比可能會發生改變，此時就必須依照用途設定不同頭身比。若要製作頭身比下降的Q版角色時，必須思考要強調哪部分、省略哪部分，如何改變頭身比，不能只是單純地縮小，所以非常考驗設計師的能力。而若是2D遊戲，則要考慮這裡製作的組件類要從哪裡移動到哪裡，又要如何移動，為不同部位製作不同圖層。3D的話則會根據完成的設計圖來建模。

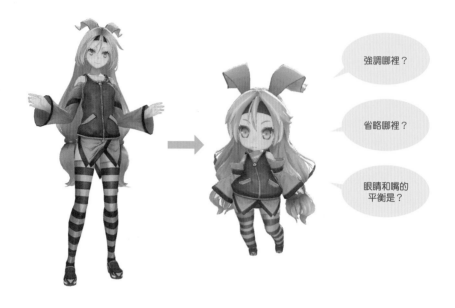

◉ 動作設計

如果是以戰鬥為主或有動作元素的遊戲，就必須設計角色的動作。最近不只3D遊戲，很多2D遊戲也開始具備多個部位可藉由拖拉路徑來表現動作。如此一來，即使是靜止圖片也能栩栩如生地動作。

然而，就實際情況來說，不可能替所有遊戲內的角色都加上一套獨有的動作。所以在設計動作時，會**檢討哪些動作可以重複沿用，哪些動作必須投入成本追求獨特性**。

■動作要從成本面思考

戰士

共用跑步動作　　　　　　　　　　　攻擊動作個別設計

魔法師

○ 背景和素材設計

　　背景和素材的設計是**用來呈現世界觀的重要項目**。它們能讓玩家更相信這款遊戲所呈現的世界，具有在無形中提高說服力的效果，是非常強力的要素。

　　例如以RPG來說，在設計時會仔細思考遊戲世界中的文化等級和居住在裡頭的人們的生活方式。因此，即使玩家在遊玩時沒有特別去留意這個遊戲的世界觀，也能從眼睛看到的訊息對這是個什麼樣的世界有大略認識。就算只是背景，也可以在建築物、植物等各種小地方埋入許許多多的訊息。透過這些小細節的堆積，來表現遊戲中的世界。

● 使用IP（智慧財產）時的監修工作

　　使用IP時，基本上必須經過該IP智慧財產權的持有組織監修。開發方的裁量權大小有時會在開發過程中慢慢變化，但重要的部分一定會先經過嚴格地審核，所以努力發揮該IP最大的魅力很重要。即使對原著只有一點小改動，也可能讓該IP的粉絲感覺到不對勁，進而失去粉絲的信賴。所以在操作既有IP時，請永遠不要忘記對作品的愛。

■IP（智慧財產）的監修

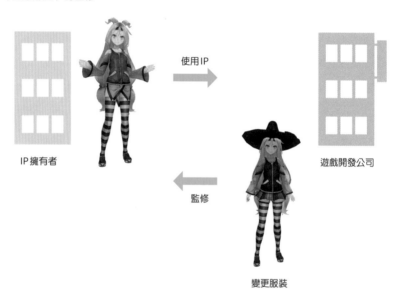

使用IP

IP擁有者

遊戲開發公司

監修

變更服裝

總　結

　▫ 根據 Prototype 版的內容檢討必要的素材和實現方法

　▫ 提前展望營運後的狀況來設計

　▫ 操作 IP 時要懷抱對作品的愛小心處理

24 UI設計

一款手機遊戲的手感也相當重要。本節將介紹玩家直接接觸遊戲的窗口——UI的設計流程。

● UI設計的重要性

我們平常玩的手機遊戲一定都有UI，UI是一款遊戲的窗口，透過它我們才能指揮App做事。雖然UI的存在太過理所當然，以致很容易忘記它的重要性，但UI的設計和實作方法，會大大改變遊戲的體感。

好的UI可以使一款遊戲發揮出100%的魅力，相反地設計或實作有缺陷的UI不僅無法帶出遊戲的魅力，還會拖累遊戲體驗。UI就像是空氣一樣的存在，因此有時人們很難理解一個不會給使用者帶來不便感的UI有多麼寶貴，這麼說不知大家能否理解UI對於一款遊戲的影響力呢。

● UI設計的流行

UI的設計存在某種程度的普遍性和流行趨勢。最容易理解的例子，就是「確定」、「取消」按鈕的左右配置。

日文和英文等語言橫書時是從左讀到右，因此在智慧型手機普及前通常「確定」是在左邊，「取消」則是在右邊。然而智慧型手機普及，操作方式改成直接用手指點擊螢幕後，愈來愈多軟體改成「確定」在右邊，「取消」則在左邊。這可能是為了配合多數人是用右手拇指來操作的習慣。在一般的App上，通常要點擊肯定，也就是「確定」按鈕來執行下一個步驟。因此「確定」會放在右手拇指容易點擊的右側，以減少手指需要移動的距離。

後來各大OS平台也開始推廣這個操作邏輯，便使得現在大部分的App都把「確定」放在右邊。假如不按照這個不成文規定來設計UI，便可能導致使用者誤觸，產生不好的體驗。

■智慧型手機普及後，「確定」和「取消」的位置便顛倒了

功能型手機考慮到鍵盤操作的便利性，
習慣把「確定」放左邊或上面，
「取消」放右邊或下面

智慧型手機考慮到
右手的觸控方便性，
多將「確定」放右邊，
「取消」放左邊

例外：當選項可能
損害使用者權益時，
會刻意顛倒配置，
避免使用者誤觸

○ 版型設計

在設計UI的時候，第一個要製作的是版型。所謂的版型就是**決定畫面內的各個元素要放在哪個地方，並用矩形來代表每個UI元件位置的設計圖**。

此時會根據規格書，檢查這個畫面上應該顯示哪些資訊，以及哪些資訊應該省略，對要顯示的資訊進行精查。

排版的工作要從哪個環節開始交給UI設計師接手，不同組織的安排可能有所不同，但版型的設計對於後續的工作十分重要，因此有時會由企劃和美術部門共同設計。

■版型的參考概念

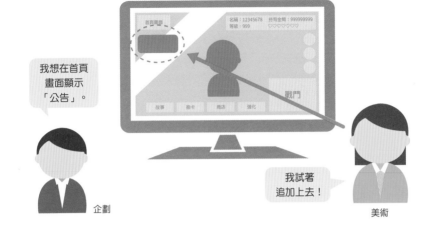

◯ 制訂設計規範

　　在製作版型的過程當中，有時會出現多個畫面顯示同一項資訊的情形。此時必須制訂詳細規範，讓設計者知道哪些情況要刻意讓畫面顯示類似資訊，哪些情況要讓畫面具有差異性。否則當多個人同時設計UI時，設計出的成品會沒有統一感。因此負責主導UI設計的人會整理出設計的規範，讓大家遵守。

◯ 檢討視覺設計

　　用版型整理出各畫面的資訊後，接著會檢討視覺設計。此環節必須決定**要以何種方法呈現，使遊戲的外觀看起來更具魅力**，所以會跟美術總監一起討論。視覺設計會影響這款遊戲想表達的世界觀，所以要在腦中有清晰的形象，確實定好**風格調性（Tone & Manner）**。

　　另外，此時也會指定好遊戲所用的字型。即使顯示的文字內容相同，不同字型給人的印象也大不相同。諸如此類的視覺外觀全部都要經過徹底討論，決定哪種設計更適合這款遊戲。

| 粗體給人強力感 | **世界的命運就託付給你了！** |

| 給人對話感 | 世界的命運就託付給你了！ |

| 圓潤可愛的柔和氣氛 | **世界的命運就託付給你了！** |

◉ UI設計的製作

決定好版型和風格調性後，接著終於要開始設計各畫面的UI。設計時要確保不脫離視覺印象，整理放入必要的資訊，並依需求加入多語言的支援。

開始實際製作UI元件後，有時會發現在版型階段沒有發現的問題。例如把版型中以矩形代替的元素換成正式素材後，發現背景和其他元素撞色，全部混在一起；或是畫面整體沒有問題，但畫面轉移時的顯示效果不流暢等等。

此時必須一個一個釐清、解決問題，若有需要的話甚至會回頭修改版型或風格調性。

◉ UI的實作

UI的實作工作也會分工進行。若使用中介軟體製作的話，則會由程式人員實作組件和功能的部分，由美術人員調整各元素的排版和動態。最近愈來愈多團隊採用此模式。

而進入此階段後，會替一部分的元素加上動態。比如在點擊或達成某條件，玩家所需的情報發生變化時用動畫或音效發出提醒。這些動態通常在設計階段就會大致想好並開始製作，但有時實際動起來後效果會跟原先預想的不同，因此會

趁此機會進行檢查和修改。

■UI的實作

音效

UI動態

實際動起來後的感覺又不一樣

總 結

▶ **UI的好壞會影響一款遊戲能發揮出多少原有的魅力**

▶ **視覺設計是否符合世界觀很重要**

▶ **愈來愈多公司把部分的實作工作交給美術部門負責**

25 | 表演和特效設計

手機遊戲會用各式各樣的手法來表演各個場景。另外，本節還會介紹遊戲中所用的特效是如何製作的。

● 手機遊戲中的「表演」是什麼？

隨著智慧型手機的性能提升，手機遊戲的表現手法也愈加自由，可以實現更加精緻的表演。遊戲內的表演，指的是**可以更有效且有魅力地表現各畫面欲表達之資訊的元素**。

以2D橫向捲軸遊戲為例，藉由控制背景移動的速度來營造場景的空間深度，或是細緻地控制畫面開始捲動的時機和速度等等，都屬於表演的一種。而3D遊戲的話則要思考攝影機要如何運鏡、如何使被攝體保持在畫面內等等，藉此提高遊戲的吸引力。

完成度高的表演和完成度低的表演，帶給玩家的沉浸感可謂天差地別。雖然遊戲內的表演就跟UI一樣很不容易被察覺，但同樣是提高UX非常重要的元素之一。

● 表演和特效是兩回事

雖然本書將這兩者放在同一章節內，但請勿將表演和特效混為一談。表演指的是整個遊戲中所有**能提高沉浸感的事物**，而特效指的是**各場景中的特殊顯示效果，屬於表演的一部分**。

特效雖是表演的一部分，但請注意不要把表演和特效畫上等號。

◉ 遊戲整體的表演是由誰負責？

不同於動畫和電影，手機遊戲並沒有專門負責表演工作的職務。硬要說的話，負責撰寫故事劇本的腳本家或許比較接近日本影視界特有的「演出家」，但腳本家又不負責整個遊戲的表演工作。

手機遊戲中的表演是由負責製作該場景的開發成員一起腦力激盪，合力製作的。當然此時若團隊裡有具備其他行業know-how的成員，對於這份工作會有很大幫助；可惜手機遊戲業界的歷史尚淺，且製作內容複雜，以目前的情況來說要劃分出專門的表演職務相當困難。不過遊戲總監會負責確保最終的完成度，因此可算是手機遊戲整體表演工作的負責人。

■遊戲業界的「表演」跟影視業界不一樣

日本影視業界

演出家（由演出工作的專家擔任）

根據導演的意思和分鏡圖等
規劃各場景的表演

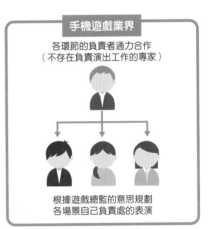

手機遊戲業界

各環節的負責者通力合作
（不存在負責演出工作的專家）

根據遊戲總監的意思規劃
各場景自己負責處的表演

◉ 特效設計

聲音的特效稱為**SE（Sound Effects）**，而視覺的特效則稱為**VFX（Visual Effects）**。

手機遊戲中的特效泛指畫面上用來幫助觀眾理解現在發生了什麼事的特殊表現。例如在戰鬥場景中進行攻擊時，必須明確地讓玩家看出角色正在鎖定敵人、舉起武器、發動攻擊這一系列動作的哪個階段。如果不能做到這點，玩家將完全

搞不清楚眼前的畫面到底發生什麼事，不知道自己做了什麼，是成功還是失敗。

也可以說，設計特效就是在**設計要強調哪個畫面上的部分，告訴玩家什麼訊息**。

■特效是用來告訴玩家畫面上發生什麼事

◉ 決定強調什麼很重要

前段我們說過特效設計就是在設計各個畫面上的訊息要如何傳達給玩家。假使完全不做設計，替所有動作都加上特效，雖然這樣可能會使場景更逼真，但也會使畫面上的資訊過多。

在日常生活中，人類會下意識忽略當下不需要的訊息。假如把所有訊息不經篩選地塞進狹小的空間內，反而會讓人搞不清楚究竟哪個訊息才是重要的。

所以，設計特效時必須加上優先順序，控制特效的密度，只凸顯應該要強調的訊息。

○ VFX的專家

由於手機遊戲中所用的VFX種類非常多樣，因此存在獨立的專職人員。這類專職人員的頭銜通常被稱為特效設計師或VFX美術師。他們會去設想各畫面、各場景的細節，然後製作VFX，為了提升遊戲的完成度和品質盡一份力。

現在VFX大多使用市售的工具軟體製作，但有些使用自研遊戲引擎的公司存在從編程到實作都由同一人負責的技術型職位。

■特效設計師、VFX美術師

總 結

▶ 手機遊戲的表演是用來提高沉浸感

▶ 特效是表演的一部分

▶ 特效的重點是精確地讓玩家知道畫面上發生什麼事

26 聲音指導

聲音是手機遊戲表演不可或缺的一環。本節將要談談聲音的設計和指導。

● 為什麼要放入聲音？

說得極端點，就算沒有任何聲音，也可以做出一款手機遊戲。實際上，我想閱讀本書的讀者應該也都曾經有把聲音關掉來玩遊戲的經驗吧？

不過，加入聲音可以更強而有力地表現遊戲內的世界、刺激情感，並加強操作時的快感。之所以要加入聲音，都是為了使遊戲的體驗更上一層。

● 整體聲音的指導

儘管存在基本的方法論，但聲音很難像美術一樣制訂明確的指導指標。粗略來說，聲音本身只要滿足一定的水準，一款遊戲不管用哪種樂曲或音效都無所謂。所以一款遊戲在聲音部分的表現會隨聲音總監的技術和實力產生相當大的變化，而這有時會直接影響一款遊戲的個性和吸引力。

遵守專案設定的方向來表現世界觀，營造統一感，且同時追求創新的表現，乃是聲音指導的重要原則。

用聲音
營造氣氛

浪漫、悲傷的地方
使用感人的曲子

在戰鬥前等場景使用
強勁而熱血的曲子

新的表現手法

保持遊戲的世界觀，
同時追求新的表現手法，
也是聲音指導的重點

搖滾

爵士

可愛的畫風

重金屬

交響樂

● 各場景的BGM設計

　　雖然在整體表現上可以挑戰不同的表現，但若缺少整體的統一感，或是聲音與各場景要營造的情緒無法契合，就會破壞遊戲的氣氛。手機遊戲中存在各式各樣的場景，而每個畫面要表現的東西也都不一樣。有時可能會需要使用與主題曲不同類型或樂器組成的樂曲。必須一邊思考**如何渲染氣氛、加上緩急來刺激情緒**，一邊為每個場景設計BGM。

　　另外，主機遊戲和手機遊戲最大的不同之處，就在於各畫面的停留時間。與主機遊戲相比，大部分手機遊戲會從一個畫面切換到另一個畫面的間隔較短。因此就算做了一首好聽無比的樂曲，也很有可能還來不及播到高潮處就已經切到其他畫面去。因此設計BGM時還必須考量到畫面停留時間來製作。

■設想各場景的停留時間來設計

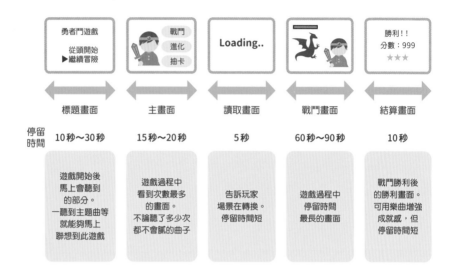

◎ SE的設計

　　SE（Sound Effects）的表演方向基本上也必須統一，但手機遊戲的表演有時候會需要用到現實世界中所不存在的聲音。譬如雷射、魔法、怪物的咆哮等等。儘管這些聲音只能靠想像來製作，但如何在這些聲音中加入一定程度的擬真感對於表演十分重要。

　　此外，即便是現實中存在的聲音，有時也不見得適合直接沿用，因為有些聲音對於遊戲的表演來說缺乏衝擊感。此時就必須思考哪種聲音才能給人爽快或舒適的感覺，加以改造。

　　但不論如何，都必須**根據遊戲內呈現的畫風和視覺物件來檢討表演方式**。而更重要的則是SE的優先度。有時如果在遊戲內放入多種不同音效，當它們全部都在同一時間觸發時，可能反而會讓人聽不到真正想凸顯的那個聲音。此時必須替SE設定優先度，讓播放時玩家能夠清楚聽見最應該聽見的聲音。這點也是遊戲跟現實不一樣的地方。

● 人聲指導

由專業配音員提供人聲，在最近的手機遊戲中幾乎是必備的要素。因為已配過其他作品的配音員不僅本身就有粉絲，更重要的是配音員精湛的演技能大幅提高表演的說服力。

而在錄音時必須注意的，便是**情感表現和台詞的指導工作**。因為即使是同一篇文章，在不同情感表現下內容聽起來可能完全不一樣，而且有些文字的表現手法實際唸出來後可能很難被理解。所以在指導錄音時應確實掌握劇本內容，在必要時向配音員解釋台詞內容的用意後再請他們表演。

● 聲音的實作

在中介軟體還沒有像現今這樣流行時，聲音的實作全部是透過遊戲引擎進行。因此，把聲音加入遊戲後如果想再調整時，沒辦法由聲音製作者獨自進行，所以會產生一段等待的空窗期。

而現在由於中介軟體的發達，程式部門以外的人員也可以自己調整聲音。只需用遊戲引擎在需要播放聲音的時機設定觸發器，負責聲音的人員就可以自己去設定要用什麼方式播放哪個聲音。此外中介軟體也可以設定前面提到的SE優先度，大幅提升了開發效率。

總結

- ▣ **聲音具有使遊戲體驗更上一層的效果**
- ▣ **只要能表現世界觀，就不必拘泥音樂類型**
- ▣ **聲音的實作可透過遊戲引擎與負責聲音的人員分工進行**

27 Alpha版的測試

在Alpha版的測試中會確定遊戲的方向，進行檢驗，降低回頭修改的機率。在Alpha版測試階段，遊戲仍存在尚未實作的功能，運行也仍不太穩定。

● 確定遊戲方向

實際遊玩之後，徹底定下遊戲的方向。如果不在此時確定方向，之後遊戲的主幹部分發生變更時，會對專案進度造成極大影響。尤其此專案若是外包案件，更要確認客戶的意見，將其反映在專案中。

此階段也會決定重要的外觀部分，也就是美術和圖形設計的方向。由於圖形是分別由多位美術人員製作的，若不確實定好方向就有可能缺乏統一感。為了在量產的階段讓大家製作出相同風格的成品，一定要在這裡決定方向。

決定遊戲性後，玩家的操作方法也會跟著確定。在Alpha版中通常會嘗試不同的操作方式，但改變操作方法也會影響遊戲性。因此一般的做法是嚴守遊戲的大方向，然後透過反覆嘗試摸索操作感最好的操作方式。

由於在Alpha版已可檢查一系列的遊戲流程，因此還會順便討論目前的流程好壞。例如檢查「登入→編制隊伍→雜魚戰→取得道具→強化→抽卡→boss戰→雜魚戰……」的流程是否能夠順利運作。

最終則會檢查遊戲整體好不好玩。

■在Alpha版會徹底定下遊戲的方向

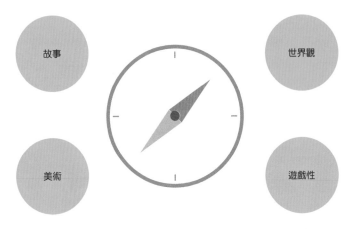

遊戲的指南針是核心概念

● 解決表現相關的技術問題

　　在遊戲中會使用很多特效，而Alpha版階段必須預先確認這些表現方法要如何才能實現。遊戲引擎自帶很多功能，因此必須提前決定要用哪種功能並且如何製作。譬如，若用粒子系統來做魔法的特效，就會測試看看粒子系統可以做到哪些效果，為Beta版的量產做準備。

　　在Alpha版中會進行各種嘗試，並加入很多新功能，導致遊戲運行的速度變慢。因此在Alpha版的最後階段必須預先想好運行速度降低的改善方案。確保遊戲可以流暢地在目標的最低規格上運作。

　　而聲音的部分也會實際放進遊戲，為遊戲中必要的部分加上聲音表現，並決定是要直接用遊戲引擎內的聲音功能，還是得另外準備聲音引擎。這兩種選擇會影響後續資料的製作順序，所以一定得在開發Beta版之前做出決定。

■解決與表現有關的技術問題

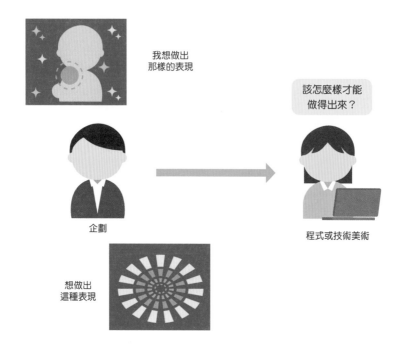

我想做出
那樣的表現

該怎麼樣才能
做得出來？

企劃

程式或技術美術

想做出
這種表現

⬤ 決定資料製作流程

　　定好特效等各種圖形資料的製作方法後，接下來要設計規格，決定這份資料
要依何種順序量產。過程中會決定要使用哪種工具、填入哪些資料、如何輸入到
主資料等等。討論完後要做成文件，在進入Beta階段後交給多位圖形設計師，
讓他們按照規格，可以用相同的步驟製作資料。

　　而規格的部分，需要決定遊戲角色所需的資料，以及各關卡的資料等等的參
數，同時決定要輸入進主資料的格式。

■決定資料的製作方法

決定製作流程

| 敵人的模型
就這樣做吧 | 動作必須用這個 | 表面質感用這個格式 | 敵人所需的參數
是這個和這個，
輸入進主資料吧 |

決定資料格式

手機遊戲開發使用的程式語言

　　Android的開發語言原本是Java，後來於2017年又新增了Kotlin。而iOS原本的開發語言是Objective-C，在2014年則新增了Swift。

　　而遊戲引擎如果採用Unity的話是用C#語言。Unreal Engine 4則有節點式的可視化腳本系統Blueprint可用，但目前業界大部分還是用C++來寫。而如果要自己製作外掛元件來引用遊戲引擎沒有的OS功能，則會用C語言當作中介語言。至於外掛元件內部的語言，Android的話是Java，iOS是Objective-C，兩者通用的部分則多以C++來做。

總 結

▷ **Alpha 版測試會決定遊戲的方向**

▷ **提前解決與表現有關的技術性問題**

▷ **制訂資料規格，提前為量產資料做準備**

COLUMN 手機遊戲做好後要怎麼販賣？

Android和iOS的遊戲都可以用個人身分開發並銷售。

■Android的情況

在Android的情況下，只要有一台Android設備，無論是誰都能把做好的App安裝在手機上運行。打開手機的【設定】，在【版本號碼】上連點7次，就會進入開發者模式，接著用USB傳輸線連接Windows或Mac電腦，即可在手機上安裝做好的遊戲並執行。

而要販售自己開發的遊戲，則必須先向Google申請開發者帳戶。申請費用是25美元，只需繳交一次即可。

Google提供的開發環境是可在Windows、Mac、Linux上運作的Android Studio（免費）這個IDE，支援語言有Kotlin、Java、C++。

■iOS的情況

要將開發好的iOS程式放在iPhone或iPad等iOS設備上執行或販售，必須先申請加入Apple Developer Program。這個資格需要每年支付會員費。這個費用在2021年12月時是99美金，而此價格是會變動的。

官方提供的開發工具是可在Mac上運作的Xcode IDE（免費），支援語言有Objective-C、Swift、C++。

■使用遊戲引擎開發

使用Unity的話是用C#語言，用Unreal Engine 4的話則是Blueprint，可同時開發在Android和iOS雙平台上運行的程式。

但若要用Unity生成iOS的執行檔，必須先有一台Mac。

而Unreal Engine 4若只用Blueprint來做的話，不需要Mac也能生成iOS的執行檔。

如果有一台Mac的話，就能同時開發Android和iOS雙平台的App。然而遊戲引擎，特別是Unreal Engine 4很倚賴電腦的硬體性能，選用高性能並搭載獨立顯示卡的Windows電腦來開發會更順暢。

第 **5** 章

Beta 版與除錯

結束Alpha版的開發後，終於能清晰看見此款手機遊戲的整體樣貌。而接著要開發的Beta版，則是檢視一款遊戲的本質何在，探究這款遊戲要讓玩家獲得何種體驗，一邊賦予其深度一邊著手量產的階段。由於基本的內容與Alpha版階段有很多重疊之處，所以本章會著重介紹開發Beta版時應注意的新增項目，以及如何為營運做準備。

28 建立世界觀

雖然世界觀在企劃書的階段便已大抵決定，但加上細節和血肉的工作有時會配合開發進度而改變。本節將介紹世界觀如何構築，以及構築世界觀的流程。

什麼是世界觀？

世界觀一詞在手機遊戲中的意思跟原本哲學性的意涵不同，指的是**該作品的舞台和背景設定**。例如在一個故事中登場的角色和他們生活的地方，以及該處的文化、歷史和用來表達它們的語言，這些都算是手機遊戲的世界觀。儘管在電腦遊戲的黎明期，很多遊戲完全沒有所謂的世界觀存在，不過現在幾乎所有遊戲都會設計某種程度的世界觀。

■黎明期的電腦遊戲沒有明確世界觀

電腦的表現能力低，只能做出玩法簡單的遊戲

對戰型桌球遊戲

但由於對戰遊戲本身就具有交流性，也可以說世界觀是由對戰的玩家們自己建立

開始思考世界觀

手機遊戲世界觀的建立方法大致可以分為2種途徑。

· **先有故事和登場人物，再依據世界觀設計遊戲玩法**

· **根據遊戲玩法套用合適的世界觀**

先有世界觀或者先決定遊戲玩法，會對後來出現的那一方有很大影響。儘管方法本身沒有優劣之分，但根據世界觀來建立玩法，更容易做出敘事性相對比較好，可讓遊戲體驗和故事更深入融合的遊戲。

◯ 挖掘角色的深度

確定大致的世界觀後，接著要設計故事和新的角色，以及這些角色在故事中參與的事件。但光有角色存在還沒辦法讓故事開始，也不能推展故事。必須去思考這名角色在這個世界中有什麼樣的價值觀，面對特定事件時會採取何種行動，更深入地挖掘角色的個性，才能使故事動起來，產生說服力。如果跳過這個步驟，玩家就無法沉浸於遊戲世界中，難以長期遊玩。

■ 即使是結構簡單的遊戲，也能透過角色魅力闡述世界觀

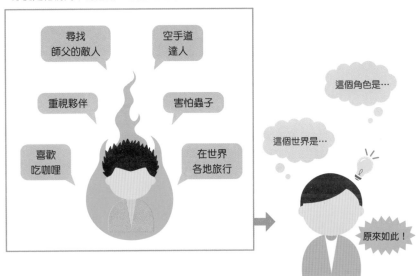

例如格鬥遊戲這種結構相對簡單的遊戲，只要放入角色和故事，也能讓遊戲系統表現得更有魅力。製作原創遊戲時，除了遊戲的玩法之外，創造有說服力的角色也非常重要。

● 挖掘世界的深度

依照最初定下的世界觀，決定角色們生活的世界和國家。從世界局勢、時代、文化等級等宏觀的設定，到這個世界居民們的日常生活和生活用具等微觀設計，都要一一討論。

這裡所做的設定很少會在遊戲內直接提到，但會間接出現在角色們的台詞和遊戲道具等各種情境中。假如背景設定得模糊不清就往下開發，故事便會缺乏說服力，讓人感覺這款遊戲沒有什麼深度。

● 玩家的定位

定好世界觀的大方向，且挖掘過角色和世界後，便能漸漸看到故事的骨架。而接下來要思考的部分，便是遊戲與小說和戲劇最大的不同之處——與故事互動的玩家在這個世界的立場和定位。

決定玩家在遊戲世界中的定位，在某種意義上即是對遊玩者賦予某種使命。人其實是一種很單純的生物，只要被賦予使命，就會按照使命去行動。假如這個任務是比較容易想像，且不是日常生活中每天都會經歷的事的話，人們便比較容易投入其中，而且可能會自己在任務中尋找刺激。

讓玩家成為登場角色的一員，或是讓玩家站在上帝的視角，兩者的遊戲性並不相同。儘管玩家在遊戲中的定位比較容易被輕忽，卻是會同時影響故事和遊戲性的重要因素。

■玩家的立場

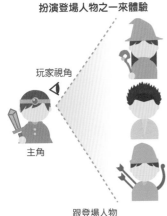

扮演登場人物之一來體驗

玩家視角

主角

跟登場人物
以相同視角來體驗情感

站在上帝視角來體驗

玩家視角

俯瞰全局來體驗
登場人物們的故事

◯ 世界觀的重要性

　　一如前面的說明，世界觀的精緻度也會影響遊戲性，且能大大改變遊戲中的
故事和遊玩體驗的說服力。同時，世界觀還能**大大強化手機遊戲天生的優
勢 —— 可以與故事互動**。

　　近年把世界觀當成遊戲樂趣一部分的玩家也逐漸增加，況且世界觀還可提高
In-game之外的體驗，因此世界觀的設定愈發重要，可以說是必須確實投入經費
製作的元素之一。

總結

▷ **世界觀就是遊戲作品的舞台和背景設定**

▷ **角色和背景的精緻度可增加說服力**

▷ **玩家的角度和定位決定後，遊戲性也會發生變化**

29 素材的量產

進入Beta版開發階段後，就要依據在Alpha版決定的格式量產素材資源。由於這個環節要處理很多工作，因此會投入大量人力。當公司內的人手不足時，有時也會借用外部的人力。

● 製作規格和開始量產資料

在遊戲中存在很多關卡和事件。而在Beta階段要先決定這些關卡的規格，**製作規格書**。決定規格後，接著要**製作畫面轉移圖**，先將所需的圖形資料、聲音、程式、文字列等的**素材資源都列出來**。透過這些程序就能決定要製作哪些素材，是非常重要的作業。

開始**製作素材**，備好需要的資料後，有時還要在主資料中定義它們，或製作用於推進過場動畫和故事的專用腳本。主資料會用試算表製作，而這些資料的輸入工作也是由企劃部門負責。若角色有能力值設定的話，企劃人員會將每個角色的資料都全部輸入進去。

如果使用網路工具的試算表就可以自動同步，所以可由多名企劃人員同時製作。為了讓輸入的資料可以馬上反映在遊戲內，程式人員也會一起幫忙，加快迭代速度，讓測試工作變得更容易進行。資料的更新可以用Git之類的原始碼版本控制系統。原始碼版本控制系統除了程式人員之外，企劃和美術人員也會用來更新資料。

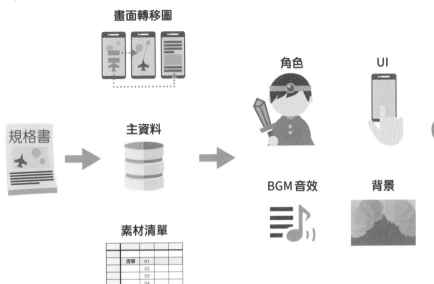

◯ 圖形素材的量產

製作量最大的素材資源應該是圖形相關的部分。以3D角色為例,得製作3D模型、骨架、動作、表面質感、材質,而角色若有物理行為的話還得準備物理模擬素材,每種素材都是由大量資料組成。

3D背景的情況,則要製作包含地面、建築物、天空、草木和石頭等眾多搭景用的素材。

其他還有UI相關的素材,像是必要的視窗和按鈕等GUI元件。一旦做好元件就能製作視窗。UI的部分還必須思考如何把外觀和功能分離,由美術和程式部門分工作業。

為了使做好的圖形資料符合在開發過程中制訂的格式,有時會額外開發該遊戲專用的製作資料用的外掛工具。另外,也會使用能夠按一個按鈕就輸出設定好的格式,或是可檢查有無用到開發中遊戲不支援的功能之檢查工具。

圖形資料的容量通常很大，所以如何盡量壓縮大小並做出精美的資料，十分考驗圖形美術人員的能力。最近業界似乎也開始利用AI產生或調整表面質感。這類技術或許可以大幅加速原本曠日費時的表面質感製作和調整工作。

■每名角色都是由大量資料組成的

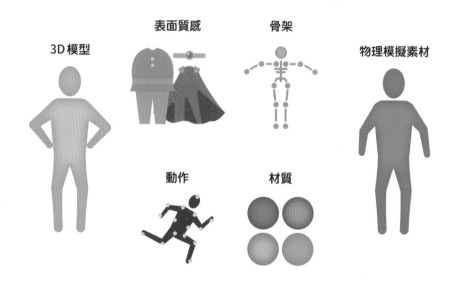

聲音的量產

　　聲音是遊戲中不可或缺的要素。進入Beta版開發階段後就會大量製作BGM和SE。儘管樂曲和音效都是根據遊戲形象設計的，但做好的聲音素材一定要實際在遊戲中播放一遍，檢查是否合適。同時遊戲的BGM和SE在製作時還要考慮曲子循環播放的效果、進入戰鬥畫面突然改變BGM時要如何切換、進入隧道等場所時的回音效果如何製作、音效播放的優先順序等等，有很多遊戲特有的考量之處。

　　而BGM和SE常常是委託外部的公司來製作。

■量產各種BGM和音效

BGM

音效

 草原的曲調

 戰鬥的曲調

 城鎮的曲調

人聲

攻擊音

遭受攻擊音

跳躍音

腳步聲

總 結

▶ 進入 Beta 版開發階段後會開始量產素材

▶ 製作規格書，決定需要哪些資料

▶ 遊戲有獨特的資料製作方法

30 重新檢視遊戲循環和整體關卡設計

在Alpha版開發完成包含基本循環的成品後，會重新檢視整體的遊戲循環。同時在確定遊戲循環後，會順便定下關卡設計相關的規則和規範。

● 重新審視遊戲循環

在Alpha版討論過基本的遊戲循環後，接著會在最後完成的階段再做一次從頭到尾的檢查。基本上就是檢查看看有沒有哪裡漏掉什麼、有沒有哪個環節或路線有缺陷，有時還會配合開發期間的市場流行做小部分的改動。

手機遊戲業界每隔幾年都會出現新的流行概念。幾年前的主流到了現在不一定能夠直接沿用。因此若Alpha版的開發期比較長，便會討論是否要視情況配合最新的環境進行改變。

■手機遊戲業界每隔幾年就會產生新的流行概念

2000 年代前期		功能型手機App問世
2000 年代中期		網頁遊戲開始流行
2000 年代後期		智慧型手機問世和普及 PC網頁遊戲大流行
2010 年代前期		智慧型手機App開始流行
2010 年代中期		GPS遊戲App熱潮
2010 年代後期		跨平台遊戲熱潮

● 變動遊戲循環必須審慎

重新檢討後，假如決定要變更遊戲循環或追加功能，一定要十分小心謹慎。因為這些變動和追加會直接導致開發成本和時間增加。此外，一個小功能的改變可能會在意想不到的地方產生巨大影響。必須腳踏實地逐一分析所有利弊，再決定要變動或增加哪些功能。

● 重新檢討發行時要具備哪些內容

當決定變更遊戲循環或追加功能時，還必須檢討這些內容是否要在上市發行時就放入遊戲內。若追加的要素跟基本的遊戲循環有關，那就一定得加入；但假如不是如此，就沒有必要在發行時就放進去。應該思考營運的計畫，考慮在發行時先放棄一部分內容。

對手機遊戲而言，遊戲內容固然重要，但**發行時機**也同樣很重要。我們在開頭也提過，假如錯失了時機，有時市場的流行可能會發生改變。即使只晚了短短幾個月，同一款遊戲也可能完全喪失原本的新鮮感，所以**平衡內容的充實度和發行時間非常重要**。

● 什麼是關卡設計？

原本遊戲開發領域中的關卡設計（level design）一詞，指的是用編輯器設計關卡地形、地圖布景以及敵人配置的工作。

在開發主機遊戲為主的團隊和西方遊戲產業中，關卡設計指的就是負責上述工作的成員。然而，在亞洲手機遊戲業界中，關卡設計**除了關卡本身外還包含難度與角色成長等數值設計的部分**，因此有時這個詞的定義差異會導致雞同鴨講的情況。而本書所說的關卡設計則是後者，也就是要包含數值設計的部分。

● 難度應如何設定？

統稱為遊戲的這種產品，基本上就是設計某種挑戰，讓玩家藉由通過這些挑戰來獲得成就感。手機遊戲也不例外。挑戰太簡單就沒有挑戰的價值，但太過困

難的話又會讓人心灰意冷。此外，若難度上升梯度太過單調，也會讓人感覺不到刺激。因此，**必須針對玩家的成長曲線設計適合的難度上升梯度**。下圖為了方便說明此概念而只用一條線來呈現，但實際上遊戲整體的難度是由多種內容交織而成。通常會混合可以輕易完成的內容和需要很多時間才能達成的內容，塑造起伏。

可以說手機遊戲的關卡設計，就是去設計對玩家而言最合適的挑戰曲線。

■ 設計對遊玩者而言最適合的挑戰難度

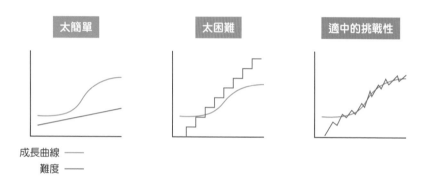

成長曲線 ——
難度 ——

將挑戰的概念數值化

確立挑戰的概念後，接下來會將之數值化。雖然只要讓所有玩家都做同樣的事情，設計起來就會輕鬆許多，但實際上這是不可能辦到的。因此必須先瞄準幾個目標群體，一一去設計這幾種群體在哪些玩法下能得到什麼樣的體驗。

1天只玩10分鐘的人、1天玩幾小時的人，分別為不同類型的群體設計他們可以獲得樂趣的要點，接著再制訂能讓他們長期遊玩下去的數值設計規則和規範。此時決定的內容將成為這款遊戲的關卡設計骨幹，在開始營運後基本上也不會改變。

所有東西都可以換算成錢來思考

一款手機遊戲中假如有販賣付費道具，那麼這款遊戲中所有的一切都可以被換算成錢。一般俗稱「石頭」的遊戲內貨幣都可以被換算成現實的貨幣，而「石

頭」和現金的換算率，會決定遊戲中可直接或間接透過「石頭」獲得的所有事物的價值。

　　例如俗稱「體力」這種在遊戲內行動時必須消費的點數，假設恢復100點需要耗費10顆石頭，而一顆石頭相當於現實的10元，那麼100點體力就相當於100元。而假設挑戰任務要消費20點體力，平均一場任務可掉落4個戰利品，那麼一件戰利品的價值就大約是5元……全都可以換算。如此一來，就可以去設計一次活動要提供玩家多少遊戲內的報酬，才不會使遊戲整體的平衡崩壞。假如你平常玩的手機遊戲也有付費道具的話，不妨像這樣換算看看，說不定會有意外的發現喔。

總結

▷ **在開發 Beta 版時必須非常審慎地重新檢討遊戲循環**

▷ **關卡設計一詞在不同遊戲行業的定義不太一樣**

▷ **關卡設計要設計出對玩家而言最合適的挑戰難度**

31 開發追加功能

在開發Beta版的同時，也會分頭開發上市營運後才要追加的功能。基本的流程跟前面大同小異，但需要配合營運計畫來檢討。

● 追加功能要從什麼時候開始開發

　　手機遊戲在發行上市後還會繼續開發並加入新功能。依照追加的內容，開發期有可能會很長，所以等到發行後才悠哉悠哉地著手開發，有時更新速度可能會跟不上玩家的期待。

　　因此必須提前檢討發行後的營運計畫，**決定好要發行時間後再回推開發工作時數**，決定何時開始開發。然而營運時可能會發生各種意外事件，此時就會**等發行日期確定後再決定內容和分量**。

■反推開發工時決定開始時間，或等發行日確定後再開始開發

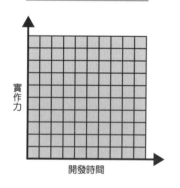

內容和分量都在
最佳狀態下發行

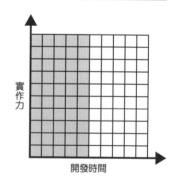

由於能放入的內容量被限制，
只能專注於打磨重要要素來開發

◉ 追加功能的開發流程基本上跟本體相同

由於開發追加功能時，已經大致能看到遊戲本體的完成狀態，因此會按照遊戲本體的規格來開發。雖然開發成本比從零開始開發低得多，不過基本的流程跟遊戲本體相同。

大多數情況會先建立該功能的企劃，並先向製作人和遊戲總監等人進行簡報這個新功能的用途。然後在獲得同意後開始開發，設定時間表，依內容分成數個階段進行檢查。成品品質自不用說，還要檢查該功能會給玩家帶來何種體驗，以及該功能能否提升遊戲整體的價值等等，從各個角度提出意見、進行改良，直到開發完成。

◉ 追加功能的發行時間點

追加功能的發行時機也很重要。營運型的手機遊戲會根據玩家的遊玩資料來記錄各式各樣的數值。

由於追加功能和內容可以有效給予玩家新的刺激，所以在這些數值預期要開始下降的時間點投入新功能，可使刺激效果最大化。若是營運團隊懂得有效運用資料，還能從這些數值進行預測，建立營運計畫。當然，由於建立計畫的是人，遊玩的也是人，不可能所有事情都照預測發展，但還是會根據過去的經驗和直覺來決定最終的發行時間。

總 結

- ▣ 追加功能的開發會在遊戲發行前便與本體開發分頭並進
- ▣ 追加功能的開發也是從建立企劃開始
- ▣ 選定發行的時間可使效果最大化

32 建立伺服器環境

近年的手機遊戲大多都需要連上網路，與伺服器連線。那麼，究竟什麼時候會需要伺服器呢？本節將解說伺服器的角色。

◉ 為什麼需要伺服器？

　　若說手機遊戲沒有伺服器就不能運作，其實倒也並非如此。例如單人遊玩的休閒遊戲和付費買斷制遊戲，在購買後就不需要更新，即使沒有網路也可以遊玩的App，就不需要伺服器的存在。

　　然而，現實中絕大多數的營運型手機遊戲都有遊戲伺服器，且在進行遊戲時客戶端（App）會頻繁地跟伺服器連線。而接下來就要說明伺服器在遊戲中主要扮演的角色。

・版本管理

　　發行上市後仍要持續營運的手機遊戲，會頻繁地更新應用程式或發布追加資料。新版本的App或資料中，含有新加入的功能或遊玩新活動所需要的檔案。因此，若玩家當前使用的是舊版本的App，就必須主動告知他們需要上去更新App。

　　例如，當舊版App登入伺服器時，伺服器端會檢查最新的遊戲版本，在發現需要更新時進行引導或回應。

■當App和素材資源的版本過時會發出通知

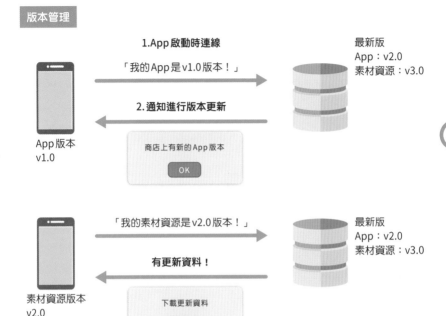

・**資料保護**

　　遊戲進度和玩家資料等遊玩時需要用到的資料非常重要。這些資料有時在遊戲中又稱為存檔和遊戲紀錄。

　　若把這些重要的資料直接儲存在手機上的App內，假如玩家不小心手滑刪除了App或者換了新手機，資料就會全部消失。所以通常會把遊戲內的遊戲紀錄儲存在伺服器的資料庫，與使用者ID綁定管理。然後在客戶端連上伺服器時將遊戲紀錄傳送給客戶端，就能使遊戲進度隨時保持在最新狀態。

■重要的遊戲資料會儲存在伺服器端

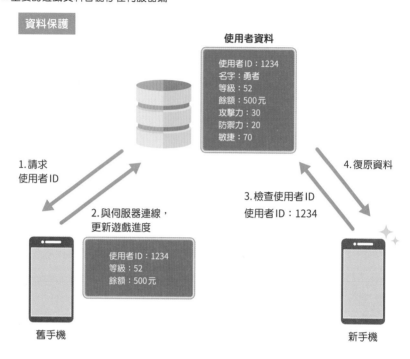

資料保護

使用者資料

使用者ID：1234
名字：勇者
等級：52
餘額：500元
攻擊力：30
防禦力：20
敏捷：70

1.請求
使用者ID

2.與伺服器連線，
更新遊戲進度

使用者ID：1234
等級：52
餘額：500元

3.檢查使用者ID
使用者ID：1234

4.復原資料

舊手機

新手機

・**防弊（由伺服器計算後送回結果）**

　　有些遊戲中的戰鬥邏輯不是由客戶端計算，而是交給伺服器端計算，再把計算結果送回客戶端。

　　例如回合制的RPG會把目前的隊伍狀態、選擇指令（戰鬥、使用魔法等）的資訊和敵人的數值送給伺服器，在伺服器端計算該狀態的戰鬥結果後再送回客戶端。而客戶端收到結果後，再把結果反映到戰鬥中的角色上。假如把計算邏輯等全部放在客戶端，玩家就有可能在分析內碼後竄改數值（作弊）。所以將邏輯和運算的部分放在伺服器上處理，只把結果傳回客戶端，玩家這邊就比較不容易作弊。

■在伺服器端進行邏輯運算後傳回結果

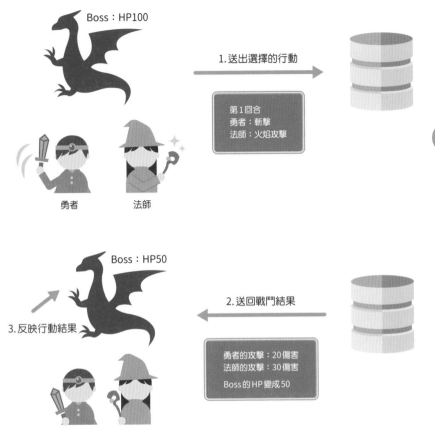

Boss：HP100

1.送出選擇的行動

第1回合
勇者：斬擊
法師：火焰攻擊

勇者　　法師

Boss：HP50

2.送回戰鬥結果

3.反映行動結果

勇者的攻擊：20傷害
法師的攻擊：30傷害
Boss的HP變成50

此外近年多人即時對戰的遊戲也愈來愈多，在這類遊戲上也會由即時伺服器來處理玩家之間的資料交換。

● 準備伺服器

認識遊戲伺服器的必要性後，接著就要實際架設伺服器。可是伺服器究竟該如何架設呢？此處將從過去的作法到近年手機遊戲最常用的雲端伺服器（＝IaaS）一併講解。

・本地伺服器（On-Premises）

將伺服器和軟體等安裝在自己公司所管理的設備中使用。為了在自己公司內架設、營運伺服器，首先必須設置伺服器用的電腦。為此必須挪出擺放硬體的空間，而且當想要增加伺服器機器時必須增加開銷和準備，營運也需要花錢。

・雲端伺服器（＝IaaS）

近年不只遊戲行業，很多企業和服務都改用Amazon提供的AWS（Amazon Web Service）和Google的Google Cloud等雲端服務。此類雲端服務中也有提供虛擬伺服器，以及雲端儲存（檔案伺服器）以及資料庫等各種服務。雖說都叫雲端，但依提供的服務組成可粗分為三大類。

■雲端服務的組成要素

名稱	說明
IaaS	Infrastructure as a Service的簡稱。提供伺服器、儲存空間、網路等的硬體和基礎建設的服務。代表案例有Amazon的「Amazon Elastic Compute Cloud（Amazon EC2）」、Google的「Google Compute Engine（GCP）」等
PaaS	Platform as a Service的簡稱。提供應用程式運行所需的硬體和OS等，將平台作為網路服務提供的服務。例如Microsoft Azure等
SaaS	Software as a Service的簡稱。將過去以套件（package）形式提供的應用程式作為網路服務提供的服務。例如Microsoft Office 365等

手機遊戲最常使用的是「IaaS」服務。IaaS服務可自己選擇CPU、記憶體、儲存容量等伺服器環境，即使負荷突然增加也能靈活應對。

雖然從安全的角度來看，有些時候架設不受外來影響的本地伺服器會更好，但隨著近年安全技術和雲端服務的多元化，雲端的安全性也日益提升，所以現在的手機遊戲伺服器大多都是用雲端。

◉ 為什麼雲端這麼多？

營運型的手機遊戲具有流量不易預測的特性。即使是在同一天內，尖峰流量也會隨時段變動，尤其在新活動推出時流量更會急速增加，使伺服器負載一下子提升。此外，當遊戲已無法獲利時，更可能中途結束營運。在如此多變的環境

下，每次都自己增減本地伺服器在準備面和管理面上成本都太高了。

　　因此，不需要自己準備場地，可在需要時立刻增減數量的雲端伺服器才會被大量採用。

○ 延遲和超載

　　假若遊戲大紅，每天遊玩的玩家數量將會快速增加。

　　營運一款手機遊戲最重要的一點，就是玩家遊玩的時間並非平均的。在一整天的不同時段中，早晨上班、午休、晚上就寢前等時間段通常會有比較多人用手機玩遊戲。同時在遊戲推出新活動、新改版或是維護結束後等特定時期，玩家的存取量更會急遽提升。而造成伺服器負荷上升的原因也有很多，例如伺服器的CPU負荷、資料庫的讀取頻率、素材資源的下載量等等。

　　由此可見，營運型手機遊戲很難預測流量尖峰和伺服器超載的原因，為了盡可能事先防範，必須提前預測最高尖峰值，有時則需開放一般玩家提前試玩，進行壓力測試。

　　還有，伺服器延遲的原因除了上述的負荷外，還存在物理距離上的問題。即便是雲端伺服器，也一定在地球上的某處存在實體伺服器機房；而這些機器大多設置在雲端業者的資料中心內。而玩家的所在位置距離這個設置地點（region）愈遙遠，資料往返伺服器的距離就愈長，傳輸的時間便愈久。雖然現在網路傳輸的速度非常快，同樣在國內的話可能最多只有幾十毫秒的時間差，但還是會讓人感覺到延遲。

■ 延遲的例子

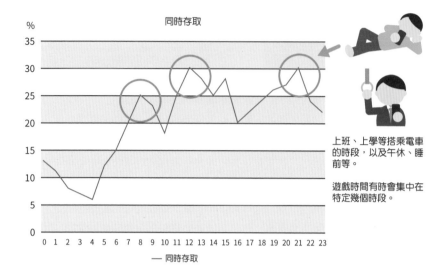

上班、上學等搭乘電車的時段，以及午休、睡前等。

遊戲時間有時會集中在特定幾個時段。

 總 結

▷ **近年的手機遊戲大多需要連接網路**

▷ **伺服器的功能很多，包含版本管理、資料保護、防止作弊等**

▷ **近年大多使用雲端伺服器**

▷ **手機遊戲具有流量尖峰難以預測的特性，因此會出現伺服器的超載和延遲**

33 營運導向的設計和準備

接下來終於要開始為營運作準備。手機遊戲在上市後仍會持續進行細微的改善和功能添加，不斷更新遊戲。所以如何有效率完成營運時的作業也非常重要。

● 開發末期和營運時常常發生資料的增加和更新

正式開始為發行上市量產素材資源後，很多遊戲內的素材和主資料（角色情報等遊戲內的資料）會出現增加和更新的需求。同時，從上市到開始營運這段時間幾乎每天都會更新或擴充功能，因此資料會持續地更新。因此如何使頻繁發生的讀寫資料作業更有效率、更安全地進行，對於遊戲的營運十分重要。

現在遊戲產業存在各式各樣可幫助提升資料的效率和安全性的營運工具，有些是團隊內部自行開發的，也有些是引用外部的服務。

■營運時的資料新增、更新與相關作業

名稱	說明
資料的更新、新增	調整角色參數、新增或更新3D模型或圖片資料等。平衡性調整或增加新角色、故事等，都是手機遊戲上市後常常要做的工作
資料檢索	從資料庫檢索符合特定條件的使用者，並將資料化成圖表顯示，以方便分析
App建置	在實機上確認運行情況，或是申請App上架時的建置作業。進入除錯期後可能每天都會建置一個新版本
正式營運環境的更新	向玩家們實際遊玩的正式環境更新素材或伺服器代碼的作業。為了降低人為錯誤的發生機率，大多採用自動化流程
營收資料等的管理	搜集並統計營收和當日遊玩人數等資料，化成圖表顯示、管理的工具

● 更新、增加資料的輔助工具

遊戲中有很多必須用到的資料，包含角色參數等的主資料、3D模型資料、動畫、表面質感、聲音、UI圖像等等。

譬如參數的輸入管理大多會使用Excel或試算表等輸入工具。然而，輸入後的資料沒辦法直接被遊戲讀取。這些資料還必須轉換成更好操作的格式，且轉換後在遊戲內也還是要經過存取的作業。通常製作這些資料的主要是企劃或美術人員，但要把這些做好的資料放進遊戲內，卻可能得拜託程式人員幫忙。然而每次更新都要去拜託程式人員幫忙處理這些瑣事，會變得非常沒效率。

因此，若有一個可以將做好的資料自動轉換成可輕鬆被遊戲存取的格式或設定，讓製作者可以自己更新的話，就能使工作更有效率。

■ 如果資料更新工作可由資料製作者自己做，就能提高檢查的效率

● 提升資料檢索、可閱讀性的工具

若想用特定條件從資料庫檢索符合的使用者，並將其全部顯示，只要執行query（對資料庫進行有條件檢索的語法）就可以取得。然而，這樣直接抓出來的資料通常可閱讀性都不佳。

■用query取得的資料，有時直接印出來不易閱讀

```
>SELECT*FROM users;
```

id	name	level	exp
1	Nobunaga	5	2000
2	Hideyoshi	10	6000
3	Ieyasu	8	4300

從資料庫等檢索資料，資料庫會自行將資料羅列出來，
但資料太多時無法單頁顯示，也不容易互相比較，可閱讀性不佳

因此，這個時候如果有可以將抓出的資料變得更容易閱讀，或是可轉換成圖表來顯示的管理工具的話，企劃人員便能更輕鬆地檢索，降低人為的失誤，讓資料更好操作。

■提升資料的可閱讀性能夠減少人工錯誤，提高效率

統計資料

將結果調整成容易閱讀的圖表，或是用分類或統合功能使資料更容易檢索。

也有很多工具可直接在瀏覽器讀取資料庫

◉ 自動化App建置的工具

在開發的過程中，像是在驗證功能、除錯或是申請App審核時，經常需要把做好的遊戲建置（build）成App，實際放到手機上運作。個人開發者或許可以直接在自己的電腦上建置，但團隊開發時要是大家都各自在自己的開發環境下建

161

置，可能會發生預期之外的錯誤，或是不小心把不可以放入的未完成資料丟進去，導致問題產生。同時，遊戲在建置時還要設定App名稱、圖標、版本號碼等各種項目，每次都用手動設定會浪費很多時間。

而為了**減少諸如此類的建置失誤並節省時間，我們可以自動化App建置工作**，讓所有人都能輕鬆地點一個鍵就生成建置資料。業界常用的App自動建置工具有Jenkins和CircleCI等。

■使用Jenkins工具，從Git等版本控制，到建置、上傳皆自動化的範例

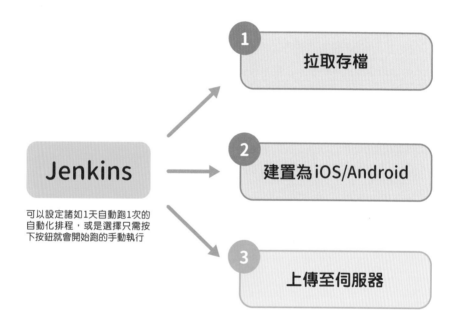

● 安全執行正式環境更新的工具

開發時準備好的資料，在完成檢驗、除錯的環節後，就會實際上線導入正式版遊戲環境中。更新資料中通常包含了新增的素材資源和伺服器代碼，萬一在導入時失誤，將可能導致正式版環境發生錯誤，所以一定要萬分謹慎。過程中必須一邊查看變換前後的差值，一邊檢查有無缺漏，或有無多餘的資料混在裡面；但

若這些工作全部都由人力和肉眼檢查，要完全防止人為失誤非常困難。

　　資料的整合性檢查、上傳、歷史紀錄的維護等工作，都要盡可能減少人力作業，將之自動化，將可使正式環境的更新更加安全。

○ 營收和玩家數等KPI的管理工具

　　遊戲上市後的App營收、仍在遊玩的活躍玩家數以及遊玩狀況等等，都是對於遊戲營運非常重要的資料。營運團隊會根據這些資料來更新遊戲，讓遊戲更容易留住玩家。所以，將搜集到的資料用圖表等工具來顯示每天的變化狀況，對於團隊的資訊分享和問題共享很有幫助。

總　結

- ▷ **在營運時如何有效率且安全地完成作業很重要**
- ▷ **為此會開發輔助各種作業的工具或進行自動化**
- ▷ **有時這些工具會自行開發，有時則會利用外部的管理工具或統計工具**

34 資料分析的設計

為了在遊戲發行上市後掌握使用者的動向，必須解析各種資料，不斷進行分析和改善的工作，以使營收最大化。本節將介紹可以從遊戲中取得的代表性資料。

◉ 取得資料

　　手機遊戲會從客戶端App中獲取不同的資料送回伺服器儲存。分析這些資料，就可以掌握使用者的動向，以此根據持續改善遊戲，使玩家長期留存，最大化營收。為了留住玩家並最大化營收，營運團隊會參考這些資料來設計新活動，提供使用者想要的東西，追加新的功能。手機遊戲上市後的營運工作非常重要。

　　在手機遊戲行業，通常都會搜集哪類資料呢？以下列舉幾個代表性的項目。

■代表性的資料搜集例

搜集的資料	內容
安裝數	App 的安裝次數。可檢查各種宣傳活動的成效
解除安裝數	App 被解除安裝的次數
首次遊玩的人數	安裝並啟動 App 的人數
教學關的進度	確認有無使用者在教學階段就離去
遊戲進度	確認使用者在活動中的遊玩進度。用以檢查活動難度是否合適
DAU/MAU	單日／月間遊玩人數。檢查使用者的留存率
ARPPU	記錄購買情報，計算每名付費使用者的平均花費
LTV	計算使用者遊玩這款遊戲的過程中總共花了多少錢的指標
國家	使用者來自什麼國家。可用以檢查不同國民性的差異
平台	是iOS還是Android，是手機還是平板，可檢查這款遊戲最常在哪種設備上遊玩。同時也可取得各OS版本的分布情況
遊戲時間	確認玩家1天花多少時間在玩這款遊戲

以上只是一小部分，即使不會馬上用到，只要是未來可能會有需要的資料就該統統搜集起來，以便將來分析使用者的動向。

■為將來分析使用者的動向做準備

分析工具，
可在管理畫面檢查分析圖表

● 分析工具

　　以下是具代表性的分析工具。每種工具可分析的內容和方案不同，價格也有差異，請挑選最適合自己的服務。

• Unity Analytics

　　若用Unity來開發，而且有買Plus版本或Pro版本的話，就可以使用Unity Analytics。要使用Unity Analytics功能，必須先在編輯器中設定。完成設定後只要在設備上運行建置好的App，就會自動搜集基本的資訊。這些資料可以在Unity的儀表板（dashboard）上查閱，可看到新使用者數量、DAU/MAU、每日遊戲時間等數據，若有使用Unity的付費外掛程式的話，還可以取得付費資料。

• Firebase Analytics

　　Firebase是Google針對行動設備推出的平台，由多個產品組成。其中的Firebase Analytics可以用來取得手機遊戲的各種資料並加以分析。

• AppsFlyer

　　以色列公司開發的廣告成效分析工具。全世界都有人使用。可以檢查安裝App的使用者是從哪個廣告媒體引流進來的。可以自由發送任意事件（event）和數值，搜集分析所需的情報。

• Repro

　　由日本公司開發的市場分析平台。Repro同樣可以分析各種數據，也能發送各種標準的事件和客製化事件。

• Adjust

　　總部設於德國的行動端數據分析平台。此平台可以檢查使用者是經由哪個廣告媒體引流進來安裝你的App，又分別貢獻了多少價值，檢視廣告效果。此外也可發送App內事件（In-app event）來進行分析。

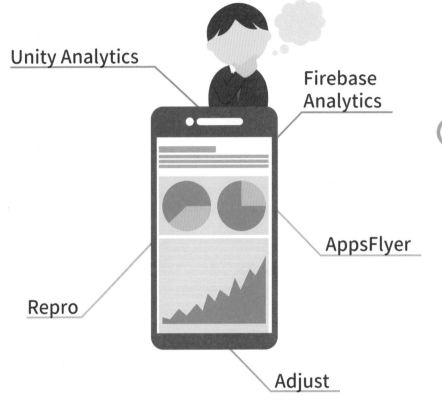

Unity Analytics

Firebase
Analytics

AppsFlyer

Repro

Adjust

5

Beta 版與除錯

✏️ **總 結**

▷ **資料分析對手機遊戲很重要**

▷ **分析後資料可應用在營運中**

▷ **市場上有很多種分析工具，請選擇最適合自己的類型**

35 | QA的實施

本節將舉例介紹QA（Quality Assurance＝品質管理）的實施方法。手機遊戲中的QA步驟除了基本的建立測試計畫、發現缺陷（程式錯誤）外，還會從使用者的角度提出改良方案。

● 列舉檢查項目

　　QA的型態有在自家公司內進行、委託外部的QA公司以及兩者混用這幾種。不論採用哪一種，都必須先由**開發團隊**建立**確保遊戲符合可發行品質的測試計畫**。

　　要找出遊戲內的所有缺陷並修補，就要先列舉出所有的檢查項目。第一個要檢查的項目，是列出用正常方式操作時遊戲應有的正常反應。接著，就剛剛列出部分思考所有可能的操作，並一一列舉出來。假如是在多種OS上發行或可在多種OS版本的設備運作的手機遊戲，還得逐一檢查在各版本設備上的運作情形，要測試的項目數量相當繁多。

　　而假如是有伺服器端的遊戲，還得把伺服器的檢查項目也列出來。譬如剛開服時玩家可能會一下子湧進伺服器，所以必須列出伺服器壓力測試的檢查項目。而如果是多人連線的遊戲，就得一個人同時操作多台設備，或是由多個人同時進行測試，使測試方法變得更複雜。

　　列出來的檢查項目會分配給多名測試員。分配方法是根據檢查項目的數量和測試期限，計算需要多少測試員才能消化完所有項目，再用總項目數除以測試人數。由於有時可能會雇用非正職的測試員，所以記錄時必須把測試方法寫得非常清楚詳細，讓所有人都能按照相同的步驟進行測試。

● 檢查項目範例

接著就來看看檢查項目的範例。首先從輸入使用者名稱和密碼登入遊戲的畫面開始吧。

登入畫面該有的正常反應,是「輸入使用者名稱和密碼後即可完成登入」。而在此畫面可想到的檢查項目包含:

・輸入不存在的使用者名稱

這種情況,正確的反應應該是彈出錯誤訊息。

・輸入錯誤的密碼

這種情況的正確反應也是彈出錯誤訊息。

・輸入非常長的使用者名稱

此項目是檢查對伺服器送出非常長的字串時,伺服器會不會發生錯誤。通常情況下會在客戶端設定可輸入的字數上限。

・**將設備的時間改為過去或未來的日期**

這是用來測試若使用者自己改變客戶端上的時間，則進行某些運算時會不會出現問題。通常情況下會選擇以伺服器端的時間為準。

・**在處理登入程序時跳轉至其他App**

在與伺服器連線到一半，等待伺服器回應時若中斷App的處理工作，常常會發生錯誤。例如在伺服器回應前就切換到其他App，過了一陣子才回到遊戲時，常常會發生逾時（Timeout）錯誤，導致遊戲無法正常進行。除此之外還要考慮到App閃退，或者是手機電源突然關閉等情況。

● 除錯功能

為了測試這些項目，除錯功能是必不可少的。不論客戶端還是伺服器端都應該具有除錯功能。雖然正式發行的版本不需要除錯功能，但**為了更有效率地**找出用正常方式遊玩要花很多時間才能重現的錯誤，或是發生機率太低難以確認的錯誤，**除錯功能仍是必備的。**

除錯選單通常會用特別的方法開啟，像是在客戶端App畫面的特定位置連點三次之類。在除錯選單中會依序加入創建新帳戶、取得道具、跳過教學等可提高檢查效率的必要功能。

而在伺服器端也會製作俗稱管理畫面的網頁，方便進行各種操作。例如可手動改變伺服器時間，以便檢查每日登入獎勵的發放情況，或是可針對所有使用者或特定使用者發放特定道具的除錯功能。

伺服器端的除錯功能在遊戲上市後也可以用來進行客戶支援。例如在除錯階段製作的對所有使用者發放道具的功能，就能在遊戲發生異常時對所有玩家發放賠償用的道具。

● QA的職責

QA並不是只要找到程式錯誤就好。假如是不容易出現的程式錯誤，還必須得要找出這些程式錯誤的發生條件。有時候可能會在以完全想像不到的順序操作App時發生程式錯誤。因此QA人員除了依照檢查項目進行測試外，還要發揮想像

力思考有無檢查項目上漏掉的操作方式，或是檢查其他遊戲發生過的錯誤會不會也在這款遊戲中出現。

　　另外，為了提升遊戲品質，還必須從玩家的角度來檢查遊戲。若是該款手機遊戲中有跟其他手機遊戲流行的操作邏輯不同之處，則在玩過同類遊戲的玩家遊玩時就可能會感到不適應。對這類有問題的地方提出改善意見，檢查有無對玩家不便的地方也很重要。

　　例如教學進行到一半時若App閃退，重新啟動後教學又得從頭開始，換成你的話還會繼續玩下去嗎？

總　結

▣ **QA首先要建立計畫**

▣ **建立計畫時要列舉所有操作**

▣ **要主動提案提升遊戲品質**

36 除錯

本節要介紹手機遊戲除錯的流程。使用不同遊戲引擎，具體的除錯方法也不相同，但流程本身是一樣的。為了管理臭蟲（bug）的修復狀態，除錯過程中會使用臭蟲追蹤系統，開發團隊也會與QA密切合作。

● 用臭蟲追蹤系統管理臭蟲

　　第一步是由外部或內部的QA團隊將臭蟲登錄到臭蟲追蹤系統上。此時會詳實說明臭蟲的發生條件和重現方法。有需要的話還會加上圖片或影片。被登錄的臭蟲接著會被分派給產品經理（PM）、產品助理（PA）或者是企劃人員等，交給合適的負責人。分派的方式每家公司可能有所不同。通常與企劃面有關的會分給企劃人員，與美術設計有關的分配給美術人員，與程式代碼有關的問題則分給程式人員。

　　被分派到的負責人會檢查臭蟲追蹤系統，確認自己被分派的臭蟲。有些組織會用電子郵件通知，而若系統有跟手機App連線，也可以設定成自動推送通知。

　　接著，被分派到修正臭蟲的負責人會進行臭蟲修復。當天抓到的臭蟲要盡量在當天修復。修復完成後會在臭蟲追蹤系統上把修復狀態改成「修復完畢」，並將當前負責人改為QA。修復狀態的變更由誰進行，不同公司和專案的做法可能不一樣。隔天將新建置的版本發給QA後，QA會立刻檢查「修復完畢」狀態的臭蟲是否已確實修好。若確定已修好，就會將狀態變更為「確認修復完畢」。假如又出現臭蟲的話則會將狀態改為「再次出現」，再次發還給開發團隊的臭蟲負責者。

■ 臭蟲追蹤系統的管理範例

檢查臭蟲　　登錄臭蟲　　分派負責者　　修復臭蟲　　確認修復情況

臭蟲追蹤工具

用臭蟲追蹤工具管理

◉ 臭蟲的優先度

　　通常前一天修好臭蟲的版本會在每天早上自動建置成App發給QA團隊進行當天的QA工作，但萬一App發生頻繁崩潰的嚴重錯誤，就會將該錯誤的修復優先度調至「最高」。為了避免QA工作停滯，開發團隊會儘速修復該錯誤，並立即建置新版本重新發送。

　　每個臭蟲都會設定修復的優先順序。會導致遊戲無法正常運行的嚴重錯誤修復優先度為「最高」；遊戲仍可運行但一定要修好的臭蟲則是「高」；只在特定條件下出現的為「中」；正常操作下不會出現，只有用特定順序操作才會發生的為「低」。像這樣賦予每個臭蟲修復的優先順序，開發者才知道該從哪個臭蟲開始修復。

　　這個優先度的層級數和條件也同樣因公司和專案而異。

◉ 臭蟲的修復步驟

　　開始修復臭蟲時，第一步是按照登錄的操作順序重現該臭蟲以確認情況。

　　若是規格上的臭蟲，會交給企劃重新檢討規格決定處理方案。修正後的規格如果需要再交給美術或程式重做的話，就會在臭蟲追蹤系統上記錄變更內容後再交給下一個人負責。而若是主資料等資料面的臭蟲，則會由企劃人員自己完成修

正和更新的工作。

假如是美術面的臭蟲，會由美術人員修正後上傳到版本控制系統。由於近年有很多具備GUI的工具，即使是美術人員也開始使用版本控制系統。

而需要修正程式碼的情況會由程式人員來調查臭蟲的原因。首先程式人員會按照被登錄臭蟲的產生步驟檢查是否能重現。如果發現無法重現，便會將狀態改成「無法重現」，請QA再次確認重現的步驟。有時候臭蟲只會在特定條件下發生，此時就必須找出發生的條件。單用文字不易說明的場合會再附上圖片或影片。

在內置有崩潰分析系統的情況下發生App崩潰的話，有時會留下可以從中找出崩潰部分的「堆疊追蹤（stack trace）」紀錄，此時會先檢查這份紀錄。

如果有安裝可用通訊軟體將錯誤紀錄傳送給開發者的除錯系統的話，在伺服器出現錯誤時會方便許多。

開發人員會運用上述各種手段找出臭蟲的發生原因並加以修正，然後上傳到原始碼版本控制系統上。

完成修復後，最後會將臭蟲追蹤系統上的狀態改為「修復完畢」，交給QA檢查。

總 結

▶ 用臭蟲追蹤系統管理臭蟲

▶ 臭蟲要標記修復的優先順序

▶ 臭蟲的修復工作會發給合適的負責者，可從追蹤系統上的狀態知道現在是由誰在處理，以及目前的處理進度

第6章

▼

發行和營運

遊戲做完後,接著終於要準備發行上市。手機遊戲在上市後仍會增加功能,或是進行各種調整讓遊戲更好玩,就是俗稱的「營運」。本章將介紹發行一款遊戲需要做哪些準備,以及上市後的營運和俗稱KPI的分析指標。

37　Beta測試

測試工作通常在開發團隊內進行，但有些遊戲也會在發行前邀請一般玩家試玩，藉此找出產品的瑕疵、調整平衡以及測試伺服器的承載能力。這種測試就叫Beta測試。

⬤ Beta測試

開發中的App在發行前通常會在開發團隊內進行檢查除錯、平衡調整等工作，但也有項目光靠開發團隊自己難以進行檢查。像是高人數同時連線下的伺服器負荷、App的目標客群對於遊戲平衡的體驗以及App的理解度等等。在正式上市前檢驗這些環節，**可以預防上市後的程式錯誤和連線異常、將遊戲調整成大家都能平等遊玩的狀態，使遊戲更好玩穩定**。

■Beta測試

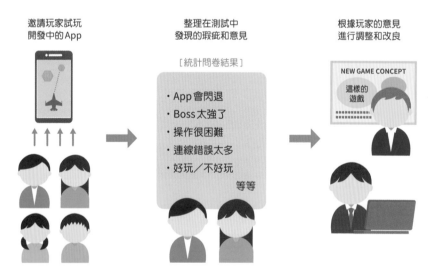

邀請玩家試玩
開發中的App

整理在測試中
發現的瑕疵和意見

根據玩家的意見
進行調整和改良

［統計問卷結果］

・App會閃退
・Boss太強了
・操作很困難
・連線錯誤太多
・好玩／不好玩

等等

NEW GAME CONCEPT
這樣的
遊戲

●Beta測試中檢驗的項目

- 遊戲平衡
- 高人數連線時的伺服器負荷
- 遊戲錯誤和異常
- UI/UX是否明瞭易懂
- 使用者問卷（感想、意見）

　　Beta測試大多不使用開發中的環境，而會用實際準備上市的客戶端版本和伺服器環境來進行，是上市前最重要的一次測試。

　　然而，雖然說非常接近上市的狀態，但終究還在測試（開發）階段，所以也常常是「還留有很多臭蟲，遊戲平衡也未經過調整」的狀態。在Beta測試結束後，會向參加測試者進行問卷調查，根據收集到的玩家感想、意見以及發現的錯誤異常，以上市為目標進行最終調整。

◉ 公開測試（Open Beta）與封閉測試（Close Beta）

　　Beta測試的形式大致有2種。

　　一種是任誰都能參加的**公開測試**；另一種是只限持有特定機種、對該遊戲有興趣的目標客群或是特定年齡層等等，符合特定條件的對象才能參加的**封閉測試**。

　　無論採用哪種測試方式，基本上都會限制開放的時間，一旦過了期限就不能繼續遊玩。

■公開測試

　　公開測試一如字面意義是**公開（open）的，任誰都可參加的Beta測試**。任何人都可以直接從應用程式商店等管道下載測試用的客戶端遊玩。

　　採行公開測試的目的大多是為了測試高人數同時連線時的伺服器承載能力。尤其是在需要玩家連線組隊遊玩的遊戲、知名度高的大作等，預期會有很多人來玩的遊戲。此類遊戲的測試重點是檢查在一大群人同時連線時遊戲能否正常運作，所以會採行相對可以找到更多測試者的公開測試形式。

■公開測試（Open Beta）

任誰都能參加的測試，
玩家可自行下載
對外公開的測試版遊戲試玩

測試用App

任誰都能試玩

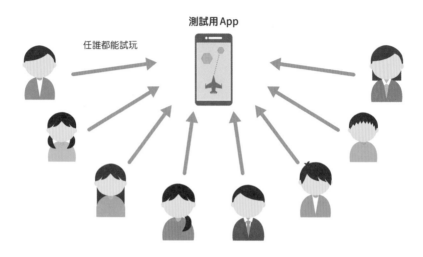

■封閉測試

只限特定團體或玩家，或是持有指定機種的人，且明確限制測試參與人數，只有**符合企業規定的條件且被選上的玩家可以參加的測試**。設定參加測試的條件，可以提高測試的精準度，且搜集到更具體的目標客群意見。封閉測試的主要目的是調整遊戲平衡、檢驗伺服器承載能力；跟公開測試一樣，也會根據試玩後的玩家意見，改善正式開服後的遊戲品質。

有時在封閉測試後會再舉行公開測試，進一步測試更多玩家同時連線時的伺服器負載能力。

■ 封閉測試（Close Beta）

測試用App

符合特定條件的玩家　　　　　　　　不符條件的玩家

例：
・持有iPhone
・喜歡動作遊戲
・註冊會員的使用者
・1000個名額

總 結

▶ **上市前用接近正式營運的環境，邀請一般玩家參與的叫做Beta測試**

▶ **Beta測試分為任何人都能參加的公開測試，以及只限少數人參加的封閉測試**

▶ **測試後會根據問卷調查的結果找出遊戲的瑕疵並調整平衡**

38 客戶支援

遊戲發行後會收到很多來自使用者的詢問。而負責統合這些來自使用者的問題，扮演開發團隊和使用者間橋梁的便是客服團隊。

處理來自使用者的問題

遊戲剛上市或推出新功能，又或是偶爾發生異常情況的時候，就會收到很多來自遊玩這款遊戲的使用者們的投訴和詢問。

所以遊戲公司會定期統整玩家們對遊戲的訴求和意見，回饋給開發團隊。而開發團隊也會根據這些意見改善遊戲，使遊戲變得更有趣、更好玩。使用者們的意見有時是正面感想或者是提議，有時則可能是抱怨，而將正面和負面意見的內容和整體傾向報告給開發部門，也是十分重要的工作。

客服團隊主要的業務是**迅速而禮貌地接待使用者，並與開發團隊進行密切的交流**。換言之，客服團隊的角色便是使用者和開發團隊之間的溝通橋梁。

■客戶支援

1.回報
「遊戲打不開了！」

使用者

5.回覆
回報錯誤發生的原因並道歉，引導使用者按步驟解決問題

2.收到回報
確認使用者的回報內容和運行狀況。如果是App運行方面的問題則請開發團隊進行調查

客服

4.報告原因和處理方法
將調查結果和處理方法回報給客服

3.報告開發團隊
將錯誤發生的條件等報告給開發團隊

開發團隊

● 與開發團隊交流

來自使用者的詢問除了對遊戲的意見或訴求外，還有無法登入遊戲、道具憑空消失之類的錯誤報告。當遇到諸如此類的遊戲錯誤或有必要進一步調查的問題時，客服團隊會聯絡開發團隊，請開發團隊調查該名使用者的遊戲紀錄（log）和錯誤發生的狀況。

假如調查後發現確實有錯誤存在，開發團隊會將詳細的內容、修正的方法，視情況還會將消失的道具等補償的報告傳達給客服，然後由客服方面跟使用者聯繫。

● 迅速的應對能力和文字表達力

客戶支援的工作需要具備面對不同類型使用者時的臨場反應能力和禮貌的態度。

而且因為客訴的處理方式大多是用電子郵件，所以能用最簡潔的文字精準傳遞內容的文字表達力也很重要。

總 結

▷ **客戶支援是處理並應對使用者提問的重要職務**

▷ **客服作為聯繫使用者和開發團隊的橋梁，必須具備迅速的應對能力和文字表達力**

39 發行／申請上架

想在iPhone和Android的專用應用程式商店上架遊戲，必須提交開發好的App並通過審查，才能讓玩家從應用程式商店下載來遊玩。本節將介紹申請上架必須經過的手續。

● 平台

手機遊戲玩家所用的手機大致分為2個OS平台：Apple的iPhone等產品搭載的**iOS**，以及Google開發的**Android** OS。

●iOS設備
- Apple 公司生產的智慧型手機都是搭載名為 iOS 的作業系統
- 所有 App 只能從名為 App Store 的專用商店下載
- 包含 iPhone、平板電腦 iPad 以及智慧手錶 Apple Watch 等產品

●Android設備
- 搭載 Google 開發的 Android 作業系統的設備
- 可從名為 Google Play Store 的應用程式商店下載各個 App
- 包含 Galaxy、Xperia、AQUOS 等各種品牌，種類十分豐富

要在各家平台上架App，首先必須申請App開發者的資格（開發者帳戶）。開發者帳戶不論企業或個人皆可申請，但通常需要支付各平台規定的申請費或年費。

●必須提供的資料
- App圖標
- 截圖畫面
- 介紹影片

- App介紹文
- 販售價格（付費App只能在規定的價格帶中選擇）
- App內付費（登記可在App內額外購買的商品資訊）
- 支援語言
- 發行國家
- 支援版本

○ 審核

　　準備好需要的資料後就可以提交審核。審核項目包括App的安全性、性能表現、設計、法律事項等等。

●審核項目範例
- 是否存在崩潰或臭蟲等影響App運行的重大問題
- 是否存在過當的暴力、猥褻元素等
- 功能是否完整（是否太過簡單）
- 是否類似或模仿其他App
- 申請資料是否完整
- 是否符合設計規範（UI/UX）

　　另外要在iOS的商店上架，App還必須遵守Apple制訂的規範。這些規範中也包含UI等設計面的指引，所以在開發前一定要先確認規範的內容。

●例：設計規範
- 頁面是否可在不同解析度的設備上完整顯示
- UI是否會妨礙系統操作

　　假如審核方認定「審核資料不完備，未遵守設計規範」，就會**拒絕申請（reject）**。此時開發者應檢查上架申請被拒絕的理由，修正後重新跑一遍審核手續。由於從申請到審核完畢有時會花上好幾天的時間，因此若已經決定發行時程的情況必須特別注意。另外，在某些時期（萬聖節、聖誕節、新年等）會有很

多開發者提交申請,所以審核時間可能會比平時更長。

◉ 發行上架

　　順利通過審核後App就可以上架了。上架的日期可以在申請時提前預約,也可以從開發者的管理頁面手動上架。有時從正式上架到出現在應用程式商店內(首頁推薦、搜尋頁面)會有幾十分鐘〜幾小時的時間差。

■發行

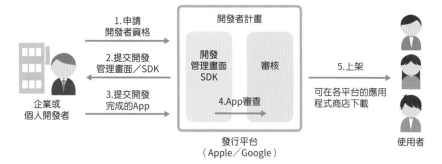

發行平台
(Apple／Google)

✏ 總　結

▣ **App 的發行通常會經由各平台的應用程式商店**

▣ **申請上架必須提供要在商店內顯示的 App 資訊和圖片等材料**

▣ **App 必須先通過審核方能上架**

40　遊戲內措施／活動

上市後的遊戲要想長期留住玩家，在遊戲內定期新增各種活動和獎勵措施以保持玩家的新鮮感相當重要。本節將介紹可長期留住玩家的各種代表性的獎勵措施與活動類型。

◉ 遊戲內措施

　　所謂的遊戲內措施，就是指登入遊戲便可獲得道具，或是提供限時的商品折扣等等，各種對玩家有利的獎勵措施。其中最代表性的例子就是「登入獎勵」。

■登入獎勵

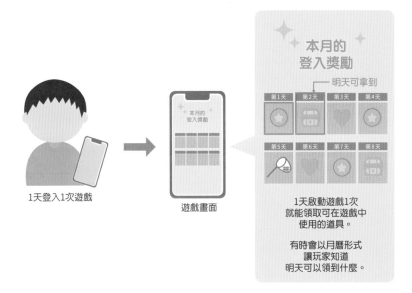

本月的
登入獎勵

明天可拿到

| 第1天 | 第2天 | 第3天 | 第4天 |
| 第5天 | 第6天 | 第7天 | 第8天 |

1天啟動遊戲1次
就能領取可在遊戲中
使用的道具。

有時會以月曆形式
讓玩家知道
明天可以領到什麼。

1天登入1次遊戲　　　遊戲畫面

　　所謂的登入獎勵，就是每天只要登入一次遊戲，就能取得可在遊戲中使用的道具的獎勵措施。由於這種獎勵可大幅提高玩家每天啟動遊戲的動力，因此現在幾乎每款遊戲都有這個系統。其中還有首次登入超過100天、連續上線7天等與

連續遊玩日數有關的登入獎勵，或是在一度已經離開這款遊戲的使用者久違地再次上線時贈送大量回歸獎勵，促使玩家再次回來玩這款遊戲的獎勵系統。

● 獲得經驗值和道具獎勵

有些遊戲設有限制挑戰次數（體力）或需要消耗特定道具才能遊玩的機制。

譬如平時遊玩一局遊戲需要消費10點體力，但在限定時期內只需消耗一半體力即可遊玩等等，這類措施是透過減少消費量，以鼓勵玩家增加遊玩次數的獎勵措施。

其他還有推出特定期間內降低角色升級所需的經驗值，或者是打倒敵人可獲得的獎勵經驗比平常更多等，這類以支援為出發點，使玩家可以更輕鬆成長，加快遊戲進度的限時獎勵措施。

■經驗值、道具獎勵

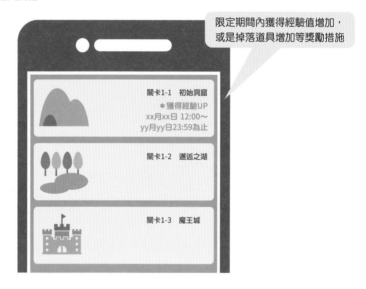

限定期間內獲得經驗值增加，或是掉落道具增加等獎勵措施

關卡1-1　初始洞窟
＊獲得經驗UP
xx月xx日 12:00～
yy月yy日23:59為止

關卡1-2　邂逅之湖

關卡1-3　魔王城

● 折扣

　　也就是可用比平時更划算的價格買到道具的促銷措施。具體方式可以是購買時贈送比平常更多的贈品，或是推出比分開購買更划算的多種道具組合包。很多遊戲會在新年推出福袋，或是在節日推出促銷活動。

■折扣

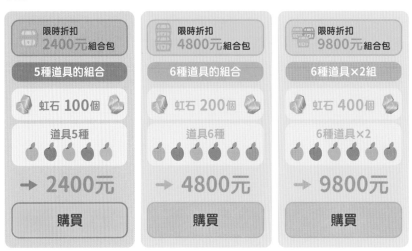

● 代表性的活動類型

　　所謂的遊戲內活動，就是在限定期間內推出特殊的遊戲機制或任務（關卡），提供玩家不同於平時的玩法，或提供新的遊戲目標，讓玩家得以持續玩下去的策略。不同遊戲的活動方式各不相同，這裡則介紹幾種多數遊戲都曾經出現過、具代表性的活動類型。

■突襲（Raid）

　　遊戲內出現期間限定的超強Boss或任務，根據打倒的數量或給予的總傷害量提供遊戲內的道具等獎勵的活動。由於大多是要跟很強的敵人（Boss）戰鬥，所以又俗稱**突襲boss**或**突襲活動**。

這類活動有的是玩家一個人打，有的是需要很多人（跟NPC或其他玩家）合作打倒敵人。此外，Boss的種類也可能會依照玩家的遊玩進度分為Easy/Normal/Hard等等，以不同強度多次出現。不只是手機遊戲，大多數的遊戲都會採用這種相當具有代表性的活動。

■突襲（raid）活動

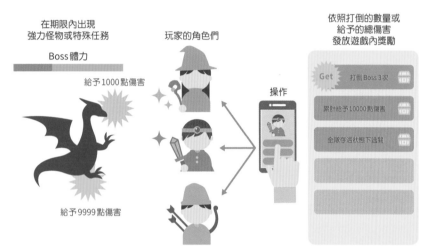

在期限內出現
強力怪物或特殊任務

玩家的角色們

依照打倒的數量或
給予的總傷害
發放遊戲內獎勵

Boss體力

給予1000點傷害

操作

Get　打倒 Boss 3 次

累計給予 10000 點傷害

全隊存活狀態下過關

給予9999點傷害

🔵 與其他玩家對戰、合作

也有某些活動不是跟電腦，而是直接在遊戲內跟其他玩家對戰（又稱為**PvP（Player versus Player）**）。這種模式跟平時和電腦對戰的單人模式不同，要用自己培養的角色跟其他玩家的角色對戰，所以戰鬥會比普通的遊戲模式更加激烈。因此，確保對戰雙方的強度平衡就十分重要。為了避免發生剛開始遊玩的新手，跟已經遊玩很久的強力玩家對戰的情況，在PvP戰鬥中必須盡可能讓相同強度的玩家互相配對，這點對於控制此類活動的平衡性非常重要。

另一方面，也有的遊戲是採用與其他玩家相互合作而非互相戰鬥，一起打倒Boss、通過關卡的合作型活動。這種活動可選擇跟不認識的玩家一起遊玩，或是跟好友等認識的人一起玩。此外，也有像足球那樣由多人組成一隊，以團隊vs團隊的合作＋對戰的模式。

■對戰、合作

對戰活動	合作／共鬥活動	團隊／公會戰
PvP(Player vs Player)	Co-op(Cooperative Co-operative)	Guild Battle
與玩這款遊戲的 其他玩家對戰競爭	與玩這款遊戲的 其他玩家合作過關	多人組成一隊的團體戰， 由特定夥伴組成的團隊 俗稱公會

玩家1

Boss

合力打倒

隊伍A

VS

玩家2

玩家1　玩家2　玩家3

隊伍B

■重複挑戰／道具搜集

　　這種活動的遊戲內容跟常駐關卡（有些遊戲中稱為任務）差不多，但會出現活動專用的限時特殊關卡，玩家可藉由挑戰這些關卡取得特殊的道具或點數等報酬。在有些遊戲中可消耗搜集到的道具或點數，進一步挑戰其他任務或Boss，或者交換想要的道具。

　　基本玩法是一個人不斷重複挑戰同一個關卡，大量累積道具或點數，所以又叫重複挑戰型或馬拉松型活動。

　　另外，有些遊戲中還存在限定星期幾開放、或1天內只能玩固定次數等沒有時間限制，可以常駐遊玩的關卡。

■ 重複挑戰／道具搜集

1.挑戰活動限定
關卡／任務

2.通關獲得道具

3.可使用道具，
或在交換所交換
別的道具強化隊伍

道具交換所

強大的劍
需要 ○ 交換

堅固的盾
需要 ○ 交換

魔王討伐活動
開放中

魔王討伐關卡

常駐關卡

常駐關卡

¥

4.繼續回去挑戰關卡

◎ 有時活動和獎勵措施會一起推出

　　遊戲內的促銷措施或活動即使單獨推出也很有樂趣，但組合多種活動類型或配合活動推出促銷活動，就能進一步炒熱氣氛。

　　例如在突襲活動中常常除了打倒強敵獲得自用道具外，還會用排行榜的形式跟其他玩家競爭討伐次數或累積傷害等，或是時而跟其他玩家合作，多個人一起打倒同一隻Boss，組合不同要素一起舉辦。另外，考慮到在活動期間玩家會連續且長時間遊玩，有些遊戲會選擇增加任務的挑戰次數，或是配合推出等級更快上升的經驗值獎勵等措施。

總 結

▷ 為了長期留住玩家，舉辦促銷活動或遊戲活動，提供玩家與平時不同的遊玩方式或目標十分重要

▷ 組合不同活動方式或獎勵措施，有時可讓活動更好玩

41 KPI分析

要最大化遊戲的營收，並提供可以滿足玩家的內容，遊戲必須每天進行更新。但究竟該改善遊戲的哪裡呢？本節將介紹判斷這個問題的基準之一「KPI」。

⦿ KPI

KPI是**「Key Performance Indicators：關鍵績效指標」**的縮寫。這原本是用於評估企業目標達成度的指標，而在遊戲營運方面則常常被用來當作**一款遊戲的使用者動向指標**。

遊戲中代表性的KPI指標有下列幾項。

●使用者指標
- 安裝次數
- DAU
- 留存率

●營收指標
- 營收
- 付費人數（PU）與付費率
- ARPU／ARPPU

●遊戲專屬指標
- 玩家等級、遊玩進度等每個遊戲獨有的項目

● 安裝次數

下載並將遊戲安裝在自己設備上的人數。要注意這個數字純粹是到達安裝階段的人數，並不等於實際遊玩遊戲的人數。

● DAU

DAU（Daily Active Users）是**每天至少會打開遊戲一次的使用者人數**。以日為計算單位的使用者人數叫DAU，以月為計算單位的則叫MAU（Monthly Active Users）。

■DAU

有安裝App的使用者

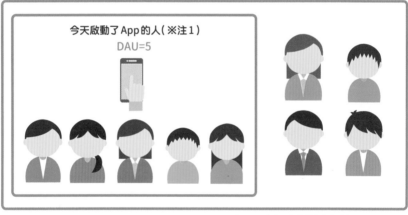

※注1　正確來說是啟動後有完成登入的人。
　　　　有登入並不一定等於有實際遊玩遊戲內容

這裡要注意，此數字同樣只代表「有打開遊戲的人數」，並不等於有實際遊玩的人數。例如有些遊戲每天只要打開一次就可以領取遊戲內的道具（俗稱登入獎勵）。而那些只為領取獎勵而打開遊戲，沒有遊玩遊戲內容的玩家也會被計算進DAU的使用者人數。

◉ 留存率

安裝遊戲後，**有多少使用者持續玩下去的比例**。

■留存率

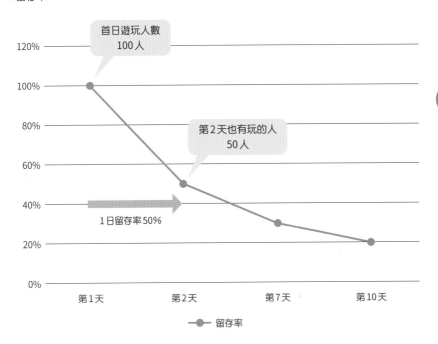

例如第1天有100個人安裝遊戲，但隔天只有50個人打開遊戲的話，那麼1日留存率以（50/100）計算，就是50%。

> 1日留存率＝（次日仍遊玩的人數）50 /（首日安裝的人數）100

依照遊玩的時間單位不同，還可細分為1日、7日、30日留存率等。

◉ 營收

遊戲內道具或抽卡的價格，就等於使用者實際支付的金額。

營收本身的指標並不是KPI，這個營收的最大化目標（KGI：Key Goal Indicators）之指標才是KPI。

◉ 付費人數（PU）／付費率

付費人數：Payment User（PU）指的是**一定期間內有付費購買遊戲內道具等實際付錢的使用者人數**。單日的付費人數稱為DPU（Daily Pay Users），單月的付費人數則叫MPU（Monthly Pay Users）。

付費率則是每天至少會啟動一次遊戲的使用者人數（DAU）中，單日付費人數（DPU）的比率。

> 付費率＝DPU（單日的付費人數）／DAU（單日的遊玩人數）

由於這個值受DAU的影響很大，所以在廣告宣傳期等短期內有大量新玩家進入的時期付費率會下降。

◉ ARPU／ARPPU

ARPU（Average Revenue Per User）是**單日所有使用者的每人平均付費金額**，等於單日營收除以DAU的比率。

> ARPU＝單日營收／DAU

而**只計算實際付費者的平均付費金額**的指標則是ARPPU（Average Revenue Per Pay User），代表單日內每名付費使用者的平均付費金額。

> ARPPU＝單日營收／DPU

● 遊戲專屬指標

營收和活躍使用者數量等數字固然重要，但一款遊戲專屬的指標 —— **玩家的使用者資料（遊玩狀況）**也是很重要的情報。使用者資料中包含這名玩家現在的等級、持有金額、持有角色數量、道具數量以及任務解到哪一關等等，所有與該遊戲遊玩狀況有關的資料。通常使用者資料會保存在伺服器的資料庫內。

玩家的遊玩狀況對於遊戲平衡的調整也非常重要，譬如開發方明明以為自己把第一個出現的Boss設定得很簡單，但實際觀察遊玩狀況卻發現突破Boss推進遊戲的玩家很少。這種時候開發方可能會建立假說，思考是不是Boss戰前的關卡平衡做得不好？然後加以調整。

✏ 總 結

▶ **遊戲營運的KPI指的是一款遊戲的使用者動向指標**

▶ **使用者指標有安裝次數和DAU**

▶ **營收指標有營收額、平均付費金額（ARPU／ARPPU）、付費人數（PU）**

42 運用KPI分析得到的資料

KPI充其量只是一堆數字,如何運用取得的資料進行各種假設和驗證來改良項目,對於遊戲的營運也非常重要。本節將介紹從KPI可以分析出哪些事情。

● 假設/驗證

觀察從KPI獲得的數字後,發現營收增加了,且**DAU(活躍使用者數)**也增加了。光是像這樣看看結果並不足夠。

持續的改善對於手機遊戲營運非常重要,所以我們還要利用KPI獲得的資料來改善遊戲。為了做到這點,分析為什麼營收會在這個時間點上升?建立假說和驗證十分重要。

● 從留存率得知使用者的進度

在遊戲營運一段時間後,有多少當初安裝這款遊戲的玩家仍持續遊玩到今天,是一項非常重要的指標。這個指標叫做**留存率**,在眾多的營運KPI項目中也特別重要。對於一款每天推出更新的營運型手機遊戲,願意持續遊玩下去的使用者比什麼都寶貴。

幾乎沒有玩家會在剛開始玩一款手機遊戲時就馬上付費。大多玩家會先試玩看看,等到理解遊戲系統,且從中獲得樂趣後,才會開始考慮掏腰包。所以,如何讓玩家覺得遊戲好玩且願意持續玩下去,並增加這類玩家的人數(提高留存率),乃是最優先的改善項目。

■留存率

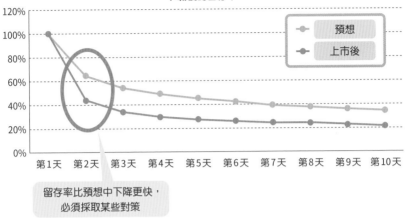

下載後的留存率

留存率比預想中下降更快，
必須採取某些對策

6

發行和營運

　　留存天數可分為下載後隔天的1日留存率、1週後的7日留存率、1個月後的30日留存率等，且依照留存的日數可將使用者分為初級使用者（剛開始接觸遊戲的使用者）、中級使用者（已遊玩數週時間，理解遊戲功能和遊戲循環）、高級使用者（已遊玩數月的使用者。完成角色養成和隊伍組建，追求更強的敵人、更有挑戰的內容的尖端使用者）。

　　1日留存（剛安裝完）的使用者和7日留存（已玩了一段時間理解系統）、30日留存（結束養成，追求更有遊戲性之內容）的使用者，每種人想要的東西都不一樣。理解哪種使用者想要什麼，又為了哪些問題而困擾，對於遊戲的營運至關重要。以下將介紹幾種提升留存率的策略。

◎ 如何改善留存率？

■提供每天遊玩的獎勵

　　最代表性的方法就是每天登入遊戲一次即可領取遊戲內道具的「登入獎勵」措施。因為領取遊戲道具對激勵玩家啟動遊戲有很大效果，近年幾乎所有手機遊戲都有這個機制。同時告訴玩家隔天可領到什麼，累計登入幾天又可領到什麼，可以提高玩家隔天繼續啟動遊戲的動力。

■只有今天才能玩到的內容

　　基本的遊戲內容隨時都可以遊玩。然而，在遊戲內加入只有星期一才會開放的星期限定關卡（遊戲模式），或是限定11:00～14:00才開放的限時關卡、1天只能挑戰1次的限定任務等等，只有今天、這個時段才能遊玩的特殊要素，可以給予玩家今天之內一定要做完的目標，讓玩家產生「今天不玩不行！」的想法，也能促使玩家持續玩下去。

■隔天之後才能看到的成長、進度累積、時間表

　　遊戲中有些東西，譬如玩家的等級、Boss是否被打倒等等，是在遊玩時馬上就能取得結果的；但其中也有些無法馬上得到結果，必須到隔天才能知道結果或實現的元素。因為沒辦法馬上看到結果，所以能讓玩家心心念念「那個不曉得怎麼樣了？」，這類措施能夠促使玩家隔天啟動遊戲查看。例如下方列出的幾種要素。

> ・隨時間恢復的可遊玩次數（愛心或體力）
> ・需要花一天才能完成強化的武器
> ・新的居民搬進城鎮
> ・建設新的建築物
> ・下週才要開始的煙火大會活動

　　刻意在遊戲中加入讓玩家需要一段時間才能看到結果，可賦予玩家在隔天也繼續上線遊玩的動機。然而，要是什麼東西都需要隔一段時間才能看到結果，就會變成無法馬上取得結果、玩起來無謂地浪費時間的遊戲，所以掌握其中的平衡很重要。

◉ 從玩家的遊玩狀況推測遊戲平衡

　　跟營收和留存率不同，使用者資料可以用來檢討很多不同的事項。因為使用者資料是玩家實際遊玩累積下來的成長狀態，所以觀察比較這些資料有助於調整遊戲的平衡。

　　舉個例子，開發方在開發時通常會將第一個遇到的Boss設定成誰都有能力

打倒的難度。然而在遊戲上市後觀察實際遊玩的玩家資料，卻常常發生玩家沒有按照開發方的預測行動，導致卡關。

■玩家的行動跟開發時的預想不同

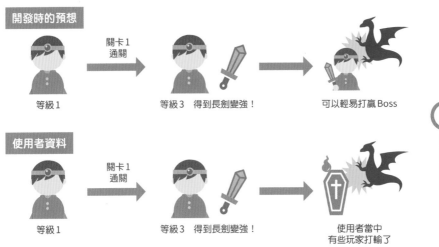

遇到這種情況，開發方會逐一檢討這麼多玩家在第一個Boss卡關的可能原因。

然後一邊實際玩玩看一邊觀察後，可能會發現雖然開發方預期玩家在Boss戰前會替角色裝備武器，但實際上有裝備武器的玩家卻很少，或是抵達Boss戰時的玩家等級比預想的更低，導致打不贏，憤而刪掉遊戲等各種情況。

■玩家採取了不同於開發方預想的行動

開發時的預想

取得長劍　　　　　　　　　　　「裝備」長劍就能打贏

使用者資料

取得長劍　　　　　　　　　　　沒有「裝備」長劍而打輸

　　遇到這種情況，開發方就會進行：

・在教學關卡增加裝備武器的項目（使所有人都裝備武器）
・降低Boss的體力
・增加Boss戰前獲得的經驗值（讓等級更容易提升）

等等平衡性的調整。

　　根據KPI和使用者資料建立假說，重新審視規格進行驗證，就能利用KPI來改善遊戲營運。

　　讓玩家感受到自己的成長和遊戲進展，是令玩家長期玩下去的關鍵要素。雖然有很多方法可以讓玩家明天繼續打開遊戲，但光把這些方法統統塞進遊戲，並不能改善遊戲的營運。

　　玩家中既有今天才剛開始玩的新手，也有從上市時就一直玩到今天，持續遊玩超過1年的老玩家。不同遊玩時數的玩家所追求的東西各不相同。剛開始玩的新手想要的是取得更強的角色或武器，快速推進關卡和養成隊伍；相反地已經玩很久的老玩家早已結束養成的部分，可能更想要跟強敵戰鬥，或者是想要新的成長要素（新功能）。

◯ 影響KPI的因素很多

KPI可能受到很多種外部因素影響。所以確實把握當天、當時在遊戲外的世界發生了什麼事，再來分析數據也很重要。

●各種可能改變KPI的因素

- 廣告剛開始投放，新使用者一口氣增加，導致DAU／下載次數極端上升
- 活躍使用者數量比下載次數少很多
- 安裝之後很快就刪除遊戲的人很多
- 在抽到中意的角色或道具前不斷重複安裝／解除安裝遊戲的行為（也就是俗稱的刷首抽）
- 使用者數量雖然增加，但付費人數沒有增加，導致ARPU等數值下降
- 營收的上升來自活動或只在推出具有吸引力道具的當下
- 遊戲發生異常，陷入無法遊玩的狀態。譬如臨時維護、延遲上架、App遇到無法執行的重大錯誤等

總　結

- ▣ **正確理解KPI的數字，從中建立假說、進行驗證非常重要**
- ▣ **KPI可能受到外部因素影響而改變**
- ▣ **要思考可讓玩家今天打開遊戲的動力，以及明天也繼續玩下去的動力**
- ▣ **不同遊戲經歷（新手、老手等）和遊玩狀況的玩家，對於遊戲的訴求也不一樣**

43 IP的營運計畫

遊戲的營運，就是持續地進行更新，培育這款遊戲，使玩家更快樂、更長久地玩下去。
為此決定何時進行更新，且要做什麼樣的更新，確實建立營運計畫十分重要。

● 遊戲的營運計畫

　　遊戲的營運大致包含推出大型更新發布事先決定好的活動或新功能，以及解決上市後才發現的錯誤、以改善KPI為目的的細微改良等，有些可以在事前預測，也有部分是突發性的項目。

■上市後的營運計畫範例

營運計畫

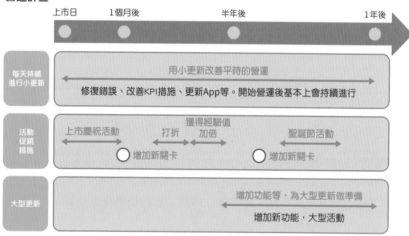

● 根據使用者意見和KPI做細微的更新也是必要的

　　採納使用者的意見，或是以改善KPI為目的而改良功能，以及增加可使遊戲更輕鬆、更明瞭的小功能等，在營運的過程中會推出很多改良性的更新。

●持續性更新項目的例子

・改良教學關
・改良UI/UX
・充實幫助和說明
・增加功能
・改良性能表現

　　遊戲上市後依照使用者的意見和KPI等不斷進行更新，是遊戲營運中最重要的一部分。透過這種持續性的改良，使玩家玩得更順手、更長久，也能改善營收和應用商店排名等KPI。

● 大型更新

　　雖然每週、每個月會推出可使遊玩更舒適的小更新，不過，通常在經過一段較長的時間（數月～1年）後，還會再推出大型更新，加入可使遊戲更好玩的新功能、新畫面或追加新的遊戲系統等等。由於新功能的開發需要時間，所以通常會在事前定好大致更新日期，一邊進行每日的小更新，一邊同時開發新功能。另外大型更新除了遊戲客戶端功能外，有時也包含開發所用的遊戲引擎或使用的工具等開發工具或環境的更新。

● 遊戲內措施和節慶活動

　　為了讓玩家每天玩也不會膩，營運方會在遊戲內實施各種策略。其中最代表性的策略有舉辦新活動、推出新角色、新故事與任務、追加新關卡等等。透過事先安排這些內容，就能夠在一定程度上預測營收、KPI、遊戲的活躍程度等等，進而使營運更順暢。

● 宣傳、廣告、行銷

　　近年光是讓App在應用程式商店上架，仍無法讓眾多消費者得知此款遊戲的存在。想辦法讓遊戲上市、推出新功能的消息傳播出去也很重要。比如在各大媒

體上刊載新聞、更新官網或社群平台，有時還要在街上刊登廣告，甚至是購買捷運車廂廣告、電視廣告等等，進行大型的宣傳活動。而即使千辛萬苦讓大眾認識了這款遊戲，有時也不一定就能改善KPI（尤其是留存率），或是沒有配合好增加新功能和新活動的時機，使宣傳效果不如預期。所以必須配合KPI和遊戲功能的推出時程，規劃決定何時要投入宣傳。

● 利用社群網路

Twitter、Line、Instagram、TikTok、YouTube等等，現在大多數人都或多或少有在使用社群網路。且社群網路的用途也十分多樣，可用於記錄生活、發洩心情、分享資訊或者是與他人交流。而很多公司也會在遊戲上市時開設官方的社群帳號，在社群平台上介紹新舉辦的活動、新更新的內容、錯誤報告等，發布各式各樣的訊息。現在也有很多遊戲玩家會把社群網站當成搜尋工具，所以在發布遊戲資訊時配合標籤（hashtag），可以讓訊息更快被目標客群看到。

另外，用官方帳號在留言區跟使用者交流，也可以拉近官方和使用者之間的距離，因此許多遊戲都會創建社群網站的官方帳號。

■利用社群網路快速發布資訊和交流

◯ 處理異常

　　儘管在開發時會對遊戲進行檢測（運行檢查），但很遺憾還是無法保證遊戲上市後不會發現新的錯誤。這些錯誤和異常有時是App（客戶端）的問題，有時可能是伺服器超載導致無法連線或延遲。這些屬於無法事先預測的突發性項目，有時可能會需要進行緊急維護或修正，視情況還有可能得重新申請審核。

✏ **總　結**

□ 營運遊戲就是在遊戲上市後持續進行更新，使玩家玩得更舒適、更長久

□ 營運包含可事先計畫、準備的部分，也包含應對遊戲中的錯誤異常等突發性狀況

44 | 在地化

近年日本製作的遊戲和動畫在全球都有不少愛好者。而以遊戲來說，除了將遊戲中的文字翻譯成當地的語言外，還必須檢查某些表現是否恰當。本節將介紹一款遊戲翻譯成多國語言需經歷哪些環節。

● 海外推展

　　近年透過數位化商店，日本製的App也能輕鬆在海外市場上市。而日本製的遊戲也有不少在美國、歐洲或亞洲等各地區爆紅的案例。

　　每款遊戲決定發行外國版，展開在地化和支援多語言作業的時間點都不同，有些遊戲可能在上市前便已決定要進軍海外，也有些遊戲原本只準備在日本發行，但在上市後人氣水漲船高，才決定要進一步發行外國版。

■日本製作的遊戲，全世界都有人玩

現在日本製的遊戲在全世界都能玩到。
而且外國製作的遊戲也會在日本上市

⬤ 翻譯

　　要在本國以外的地區上市，當然就得把遊戲內容翻譯成當地的語言。例如要在北美上市就必須翻成「英語」，而也有些國家同時存在多種官方語言。尤其像歐洲等地區同時存在「英語」、「義大利語」、「德語」、「法語」、「西班牙語」、「葡萄牙語」等，有時可能得翻譯成很多種語言。增加支援語言雖然能吸引更多玩家，但翻譯的工作量也會跟著提升。

■配合當地語言翻譯文本

早安！
今天天氣真好呢

必須改成
當地的語言。

Good morning!
It's nice weather today

中文　　　　　　　　　　　　　　　　　　英文

　　而將中文翻譯成其他語言時，必須要留意文字數和換行等排版的轉換問題。

　　由於中文是語素文字，有時一句話可能只有短短幾個字元，但翻成英文等拼音文字後字元數會變得多很多，有時可能會無法塞進畫面內。當遇到這種情況，假如只需要翻譯成另一種語言，那麼只要修改排版和程式碼就能解決；但假如要翻譯成很多種語言，排版就有可能變得亂七八糟。若無論如何都沒辦法解決排版問題，也可利用調整字體大小、縮寫（像是把Attack縮寫成ATK）想辦法把句子塞進畫面中，但有時卻可能導致文字太小難以閱讀。

■翻譯後字元數增加，有時會變得難以閱讀

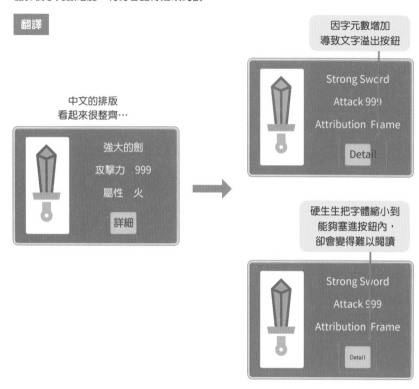

還有，在句子換行的時候，中文只要注意標點文字不要放在句首即可，但英文等拼音文字卻必須以單字為單位來**換行（換行規則）**。假如一句話的最後一個單字塞不進畫面，就必須把整個單字都移到下一行，遇到這種情況時可能會使得文章的行數超過太多，使內容溢出上下邊界。諸如此類的問題都必須考量進去，對排版和程式碼進行修正。

由此可知，翻譯並不只是單純地把本國語言改成他國語言就好，還得考慮**各種語言的顯示方式**。

■有時換行的規則也不一樣

在單字的中間換行
文章變得讓人難以理解
Place/and

以單字為單位來換行，
文章才能讓人看懂

另外，儘管這點常常被混淆，但在地化和翻譯並不完全是同一件事。所謂的在地化，指的是**針對上市地區修正遊戲內所有「語言和表現」的工作**。而翻譯則是**在地化工作中處理所有「語言」部分的修正工作**，比如將中文改成英文這種逐字修改文本字義的部分。然而，在地化工作並不只有語言的修正而已。不同國家的文化、法律與宗教也各不相同，每個地區都有當地的規矩。有些在本國毫無問題的表現或手勢，在其他地區可能會有完全不一樣的含義，有時更可能是具汙辱的意義或猥褻的表現。

◉ 也必須檢查宗教、法律、倫理、行為舉止

在自己國家沒有問題的表現，在某些地區卻可能是政治、宗教、法律上敏感的內容。

譬如遊戲中的圖標、背景、音樂等，有可能在無意間與某些地區指涉特定團體或場所的表現重疊。另外，遊戲人物的姿勢或手勢在其他國家的代表意義可能跟自己國家截然不同，有時甚至具有冒犯他人或猥褻的含義。同時，每個地區的貨幣、時間（與自己國家的時差、標準時間）等各種單位也都不太相同。

■在本國沒有問題的表現，在其他地區可能是被禁止的

雖然在自己國家沒問題，但在某些地區卻象徵了
特定團體、場所，或是具有侮辱或猥褻的含義

這個手勢有罵人的意思。
這個標誌在我國是象徵〇〇團體的符號。
這個角色的穿著太裸露了。請把重要部位遮起來

　　由此可見，除了文本的翻譯外，檢查遊戲內的各種表現是否會在當地引起問題，並在必要時進行修改，也是在地化工作的內容。還有，太有「本國味」的表現（設計風格或文化），放在其他地區可能會顯得尷尬或怪異，所以有時也必須配合當地的品味更改這部分的設計。

總　結

▷ **在地化是將遊戲改成適合當地玩家的作業**

▷ **除了文本的翻譯外，還必須考慮內容表現是否符合上市國的文化、倫理、法律等**

▷ **有些表現在自己國家沒有問題，但在國外卻代表著其他含義或負面意義**

▷ **遊戲可能在上市前就決定好要支援多國語言，也可能是在本國紅起來後才決定進軍海外**

第**7**章

未來的手機遊戲

手機遊戲市場的技術和趨勢每年都在不斷演變。
從古早的功能型手機時代開始,至今已有超過
20年的歷史。本章將一邊回顧手機遊戲的歷
史,一邊介紹最新的手機遊戲市場動向,並為將
來有意進入遊戲產業的讀者提供簡單的建言。

45 手機遊戲的歷史與現在

手機遊戲市場始於功能型手機的時代，至2020年已有20年的歷史。本節將介紹現代以智慧型手機為中心的手機遊戲市場是如何成長至今的。

● 手機遊戲已有約20年的歷史

　　日本的手機遊戲市場是在2000年左右，隨著當時已十分普及的功能型手機上的i-mode服務急速擴散而開始的。當時很多日本人使用俗稱貝殼機的折疊式手機，並在手機上購買當時只需300日圓即可無限暢玩或買斷的遊戲，以及來電鈴聲服務。

　　2010年，以主要在手機上遊玩的網頁遊戲為中心，如夢寶谷和GREE等**在行動平台上建立社群的「社群遊戲」**市場快速興起。自這個時期開始，將獲利模式從月費制轉移到現在的App內付費的內容開始變多。

　　在2008年iPhone問世之後，智慧型手機逐漸普及，帶來了前所未有的觸控操作等新交互介面，以及可從應用程式商店輕鬆下載遊戲的新生態，同時也改變了手機遊戲的玩法。過去以家用型主機遊戲為主的遊戲開發商也陸續進入手機遊戲市場，使手機遊戲從過去只能在網頁上玩的簡單遊戲，進化出具有美麗畫面表現，或是使用按鈕來操作的動作遊戲等各種類型的遊戲。

　　以iPhone和Android等智慧型手機的普及和行動網路的發達為契機，手機遊戲市場迅速擴大，直到現在也仍在成長。

● 向更正統的遊戲進化

隨著近年手機和網路環境的技術進步，手機遊戲上能實現的表現更加豐富。結合手機特有的觸摸和滑動操作，以及不輸給家用主機遊戲的漂亮畫面和聲光效果，甚至是運用地理資訊（GPS）讓玩家實際走出戶外的遊戲等等，手機遊戲的表現多元性和玩法都愈來愈豐富。

從過去用來消磨零碎時間的簡單小遊戲，到現在可以長時間遊玩的遊戲，風格和玩法都愈來愈分歧多樣。

■更加正統的遊戲增加，玩法也有所改變

向更加正統的遊戲進化

節奏遊戲、操作角色的遊戲等，
表現和操作都愈來愈精緻

從消磨時間的小遊戲到需要長時間
遊玩的種類都有。玩法風格也在變化

在搭車或休息的零碎時間輕鬆遊玩的遊戲

需要撥出一段空檔長時間遊玩的遊戲

✏ 總 結

▷ **手機遊戲市場的歷史約有 20 年，直到 2020 年仍在繼續成長**

▷ **手機遊戲從用來消磨零碎時間的小遊戲，到可以坐下來長時間遊玩的大作，玩法風格和遊戲容量的類型都愈來愈豐富**

46 | 近年的手機遊戲市場

過去幾年手機遊戲市場急速擴大，加上手機性能的提升、行動網路的發達以及生活型態的變化，市場上受歡迎的遊戲也在不斷改變。本節將介紹近年人氣手機遊戲的趨勢以及最受業界注目的技術。

● 大型IP、人氣動漫畫作品改編遊戲

近年家用主機的人氣新作也逐漸搬上手機平台，同時動畫和漫畫等的人氣作品也經常被做成手機遊戲，愈來愈多遊戲是以大型IP和人氣作品改編而成。同時，也有許多手機遊戲採取跟其他遊戲聯動（讓自家遊戲的角色在其他遊戲中登場等）的策略。

改編人氣作品，可以提升遊戲在眾多App中的認識度，更能以遊戲為媒介增加該作品的粉絲，或是反過來利用動畫或漫畫讓人對遊戲產生興趣。

此外，近年電腦和主機平台上熱門的老遊戲推出手機版（移植）的例子也愈來愈多。

■ 人氣作品的改編遊戲或聯動

由漫畫或動畫等高人氣作品
改編而成的手機遊戲

決定遊戲化！

人氣作品以「聯動」形式
在彼此遊戲內登場，舉行特別活動

勇者鬥勇者　　　　　　恐龍獵人

在遊戲內
限時推出
高人氣遊戲
「恐龍獵人」
的怪物！

● 多人對戰、合作遊玩、跨平台

過去的手機遊戲大多是一個人玩,但近年出現許多與他人對戰或協力合作的遊戲類型。其中100人vs 100人等的高人數對戰遊戲近年也十分熱門。

在手機遊戲市場,即使持有的手機作業系統不同,比如iOS和Android,也能在遊戲內一起同遊;而近年更有許多遊戲橫跨手機版、家用主機版、電腦版等不同平台。即便遊戲平台不一樣,也能使用同一帳號來遊玩的「**跨平台**」概念逐漸風行。

如今不只是社群網路,把手機遊戲也當成交流工具的人正日益增加。

■跨平台(可同時用手機版、家用主機版、電腦版遊玩)

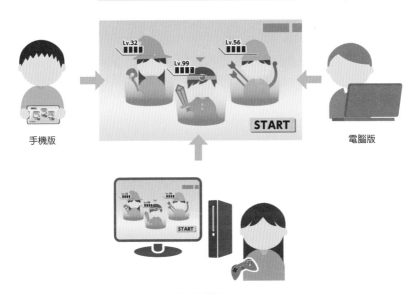

可用同一帳號在不同平台遊玩,或是
不同平台的玩家可一起遊玩的作品愈來愈多

手機版

電腦版

家用主機版

◎ 可輕鬆遊玩的休閒遊戲也很熱門

有些遊戲需要特別空出時間來玩，但也有些遊戲可用零碎時間輕鬆遊玩，此類休閒手機遊戲在現代依然深受歡迎。

只需單點觸控就能玩的簡單操作，或是益智類的小遊戲等，此類遊戲至今仍是免費遊戲排行前幾名的常客，人氣絲毫不輸許多知名大作。

休閒手機遊戲的玩法簡單，具有不需要複雜的說明，只要看到畫面就能理解玩法的優點，也因此易於在全球推廣，妥善結合讓人想一玩再玩的遊戲性與廣告後，即便是休閒手機遊戲也有很多高營利的作品。

◎ 如今外國遊戲也能在日本爆紅

能在日本手機遊戲市場爆紅的作品並非只有日製手機遊戲。近年愈來愈多外國製作的日式手機遊戲，且日本國內的手機遊戲排行前幾名當中，也可以看見外國製作的手機遊戲。

這些作品中既有畫面精緻、動作性高的遊戲，也有休閒類的遊戲，類型十分廣泛。

◎ 最新技術

包括新手機的推出、行動網路的覆蓋率提升等等，各種與手機遊戲相關的技術和功能都在急速進化。第5代行動通訊技術「5G」大幅提升了現今無線網路的通訊速度，或許不久後我們身邊所有的東西都將連上網路。

而虛擬空間技術「VR（虛擬實境）、AR（擴增實境）、MR（混合實境）」消除了現實世界和遊戲空間的邊界，再配合地理資訊（GPS）和計步數等保健資訊，將現實生活跟遊戲連結起來的玩法也應運而生。

■高速網路、AR、IoT等最新技術也受到注目

因行動網路的發展，
可以用更快的速度傳輸更多資料

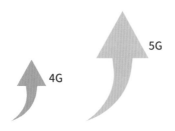

5G

4G

運用擴增實境（AR）
讓虛擬角色可顯示在現實空間

使手機可跟生活家電連線的
IoT技術

總 結

▣ 手機遊戲市場約有20年的歷史，在2021年的現在仍持續成長著

▣ 手機遊戲的大型IP和大規模開發愈來愈多，開發規模逐漸接近家
用主機作品

▣ 與他人對戰、合作的玩法以及100人 vs 100人等高人數的大逃殺
遊戲也很受歡迎

▣ 可利用零碎時間輕鬆遊玩的休閒遊戲依然熱門

▣ 融合不斷進化的最新科技，創造更有趣的玩法

47 創作者的心得

科技和流行總是用令人眼花撩亂的速度在變遷。要在這樣的環境，做出讓眾多玩家為之瘋狂的手機遊戲，就必須敏銳地觀察世間的變化，勤於吸收最新的技術和資訊，不斷磨練自己。

● 空出吸收新事物的時間

　　科技產業的技術以眼花撩亂的速度在進步，各種訊息也以驚人的速度在更新。在揉合了許多不同技術的遊戲開發領域，一定會不斷湧入最新的資訊和技術。而要操作這些新技術，提升自己的技術力也很重要。以職業的遊戲創作者而言，一定得不斷學習新的技術和知識。然而，不只是遊戲創作者，相信很多人每天光是上班、學業或是打工就已經忙得不可開交，通常很難擁有自己的自由時間。因此重要的是摸索如何用自己的節奏，在不破壞生活平衡的狀態下不斷吸收（input）新事物。

　　例如削減睡眠來擠出空餘時間，或是在放假時連續8個小時不間斷地學習，反而會讓自己累成人乾，多半無法長期保持下去。這種時候，可以先試著每天撥出10分鐘左右，嘗試看看不一樣的東西，並利用這個零碎時間持續養成習慣。比如看看書、學學東西，接觸遊戲以外的娛樂。巧妙運用日常生活的零碎時間，勤於接觸新資訊、新體驗並持之以恆，**將吸收新事物養成一種習慣**，享受變化和成長，對於長久待在日新月異的娛樂產業是很重要的。

■在忙碌的生活中，也要利用短暫的時間持續吸收新事物

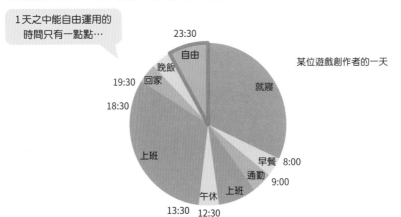

> 1天之中能自由運用的
> 時間只有一點點…

某位遊戲創作者的一天

持續吸收很重要！

每天不間斷，1天10分鐘
也無妨，持續保持學習

也接觸遊戲以外的事物

獲取最新資訊

◉ 對流行、生活方式的變化保持敏銳

　　現在流行什麼遊戲？要思考這問題，認識「現在」社會上流行什麼很重要。不只是遊戲，還有動畫、漫畫、食物、時尚等，請**隨時張大眼睛觀察「現在」世上流行什麼，並獲取最新的資訊**。

　　還有，**生活型態的變化**對於遊戲製作也很重要。不妨試著透過認識人們平常看什麼東西、用什麼東西，最常接觸哪些設備和技術，去思考如何將那些技術或體驗融入遊戲之中。

■對流行趨勢和生活型態的變化保持敏銳

現在超流行珍珠奶茶和○○漫畫！

以前大家都是
用CD聽音樂

現在流行用手機
下載音樂來聽

語音操作　　　　在社群網站分享資訊

對流行保持敏銳　　　　　　　　生活型態的變化也要掌握

● 在得到資訊後去體驗它

　　現在這時代，只要利用社群網路和搜尋引擎，任何資訊都能輕鬆入手。社群網站上隨時都能看到現在流行的關鍵字；而在餐飲店的排名網站上，好吃的店面通常評價的星數更多，即使不親自去吃，也能從別人的評價得知哪間店好吃。

　　然而，親自去體驗也很重要。對於流行的遊戲或漫畫，應該實際去讀讀看，自己去感受為什麼大家都說它們好看。實際去造訪大家都稱讚的名店，自己吃吃看，確認自己的評價跟他人的評價是否相同十分重要。

　　請經常去思考為什麼大家都讚不絕口，**自己去體驗，認識大眾的品味，時而確認自己與主流觀感的差異**。然後在獲得資訊後，**活用那些訊息，同時親身體驗，自己去感受大眾的體驗**，對於遊戲製作也非常重要。

■ 親身體驗也很重要

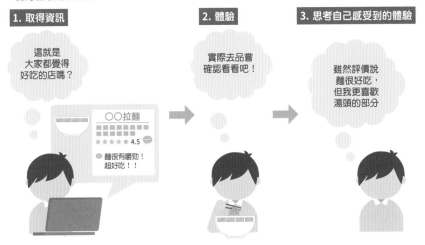

● 當然也要玩遊戲

　　既然是遊戲開發者，那麼玩遊戲自然也是很重要的「工作」之一。不過，並不是單純地玩遊戲，請稍微從遊戲創作者的角度來審視它。

　　這個動作是怎麼做出來的呢？讓人一目了然的UI（使用者介面）是怎麼樣的呢？這個表演方式看了真讓人爽快！假如換成我的話會怎麼表現呢？又要怎麼實作出來呢？從創作者的角度來觀察和思考，也是一種學習。

總　結

▷ **即使再忙也要撥出吸收新事物的時間，提升自己的技能**

▷ **隨時觀察現在的流行趨勢，對變化保持敏銳**

▷ **儘管這時代可用社群網路和搜尋引擎輕鬆取得資訊，但親身體驗也很重要**

48 如何成為遊戲創作者

想進入遊戲產業究竟有哪些管道，這個產業又適合哪一種人呢？本節將針對未來以進入遊戲產業為目標的學生介紹成為遊戲創作者的途徑，以及該如何做準備。

○ 入行途徑

要進入遊戲產業，最基本的方式是到遊戲製作公司上班。雖然近年也有不少自己成立新創團隊創業，或是以自由業身分做獨立遊戲的案例，但目前最多的仍是到遊戲公司上班。

開發遊戲所需的技術雖然也能靠書籍或網路自學，但大多數人仍是透過大學或專門學校來學習知識。上大學不僅能扎實地學好開發遊戲的必備知識，還能拿到學歷，又能在學校的研究室或社團學到遊戲開發或程式等知識。實際上，日本遊戲業界的從業者大多也都具有專門學校或大學的學歷。但由於沒有固定的途徑，所以仔細思考哪種管道適合自己很重要。

○ 學生也能做遊戲

如果你想找一份製作遊戲的工作，那麼從學生時代就開始學做遊戲很重要。目前遊戲開發所用的遊戲引擎和設計工具很多可以免費使用，且開發環境跟專業的開發團隊幾乎完全相同。例如Unity和Unreal Engine 4等遊戲引擎，不論是專業開發者或個人開發者都是用它們來開發遊戲。同時，現在遊戲開發相關的技術書籍也很多，只要想做隨時都可以動手做遊戲。

■ 現代製作遊戲的資源十分豐富

開發環境充實。可以免費使用
專業團隊實際使用的工具

市面上也有很多關於遊戲開發的書籍，
另外也能透過部落格等吸收技術知識

此外，你還可以利用社群網站等曝光你的作品，在網路上公開邀請大家試玩，也能夠聽到各種觀點的意見。

即便仍是學生，也應**製作、公開、聽取回饋**，然後思考哪裡可以改善，將這次的經驗活用在下一個作品中。就算還在學校唸書，也可以體驗到專業現場實際開發遊戲的流程。

■ 公開做好的遊戲，聽取意見

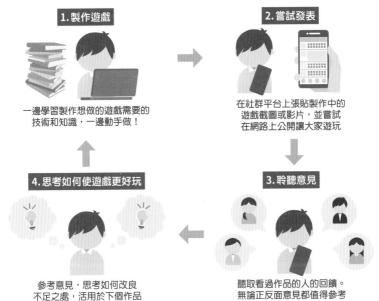

1. 製作遊戲
一邊學習製作想做的遊戲需要的
技術和知識，一邊動手做！

2. 嘗試發表
在社群平台上張貼製作中的
遊戲截圖或影片，並嘗試
在網路上公開讓大家遊玩

3. 聆聽意見
聽取看過作品的人的回饋。
無論正反面意見都值得參考

4. 思考如何使遊戲更好玩
參考意見，思考如何改良
不足之處，活用於下個作品

開發遊戲需要很多不同的技術和知識。當不知道該從哪裡學起時，就先從自己喜歡的部分開始，然後一點一點擴大學習範圍。

● 對各種事物保持好奇心

開發遊戲所需的知識，不只有玩遊戲和學習技術。除了喜歡的事物外，有時去體驗自己不擅長的東西、沒有興趣的東西也相當重要。除了喜歡的東西外，**廣泛認識不同領域的知識**，有助於思考各種類型的遊戲。

● 別忘了對身邊的人懷有感恩的心

遊戲開發大多是以團隊開發模式進行。而與其他人一起做事最重要的，就是尊敬對方，時時不忘感恩的心。現在的你能以進入遊戲產業為目標全心投入學習，都是因為有父母和學校老師的支持。所以請不要忘記**對身邊的人懷有感恩的心**！

總結

▫ **進入遊戲業的途徑有很多種。請思考哪種最適合你**

▫ **現在製作遊戲的環境很充實，總之先動手做做看就對了**

▫ **對遊戲以外的事物保持好奇心，廣泛學習各種知識**

▫ **遊戲開發講求團隊合作。對身邊的人懷有感恩之心**

49　遠距工作

近年，推薦員工用不受時空地點限制的方式辦公，引進能在辦公室以外的地點工作的「遠距工作」文化的企業逐漸增加。本節將介紹遠距工作的環境以及溝通方法。

● 新的辦公型態──遠距工作

遠距工作有幾種不同的實施方法：在自己家裡辦公的「**在家辦公**」；在外勤地點、通勤路上、咖啡廳或圖書館等地點辦公的「**行動辦公**」；以及在自家公司之外的其他地點設置工作空間的「**衛星辦公室**」等等。可依照自己公司或職務的性質，靈活地選擇最好的辦公方法和地點，可說是辦公型態的一大革新。

■遠距工作也有很多種

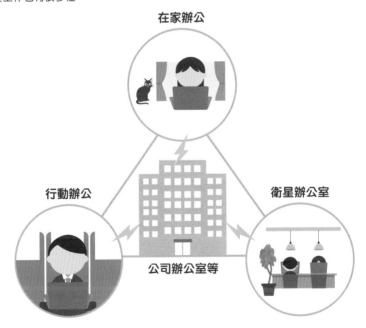

在家辦公

行動辦公

衛星辦公室

公司辦公室等

遠距工作的第一個好處，大概是可以省下通勤時間。每天早上都要搭電車人擠人，又長時間待在辦公室，很難兼顧工作和私生活。但若在家中遠距工作，不僅能減少通勤的時間，還能同時增加與家人度過的時間、提升技能的時間等，**更能兼顧工作和私生活的時間分配。**

■省下通勤時間，可以更好地增加自由時間

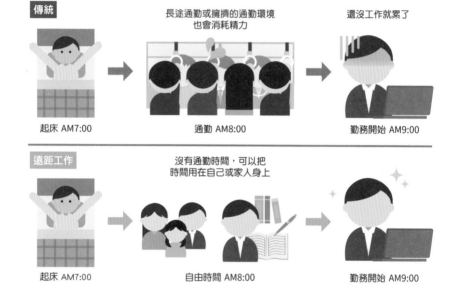

　　第二個好處，則是因為業務主要使用數位工具，所以還有助於推動無紙化和電子化，強迫利用通訊軟體和視訊通話交流，使各項業務變得更有效率。

　　但另一方面，遠距工作也會帶來一些難題。像是人員間的溝通改以通訊軟體和視訊通話為主後，資訊的共享會變得更加困難。

　　同時，由於遠距工作時沒有辦法看到彼此工作的狀態，所以管理者很難去評估員工傳統職場所重視的工作態度，變得只能用「成果」來評價一個人。

　　而且把自己家裡變成辦公室，也可能反而抹消了工作和私生活的邊界。造成因為在家裡所以反而工作到更晚，或是容易運動不足等問題。

　　由此可見，遠距工作雖然有優點，但在某些情況下也有缺點，因此公司和職員每個人的心態和自律能力也相當重要。

● 遠距工作的準備（作業環境）

　　要在家裡辦公，至少得先準備好電腦和網路。電腦可以直接把公司的工作用電腦搬回家，也可以從家裡遠端連線到公司的工作用電腦。

　　假如平時在家習慣只用手機，沒有申裝有線網路的話，可以選擇使用行動網路或在必要時去申裝有線網路。而如果有需要用視訊電話開會，就得要準備耳機和麥克風等器材。

　　與其他家人同住的話，除了準備工作空間外，有可能還必須先取得家人的理解，或是購買長期間辦公也不容易疲勞的桌椅設備等等。

■在自己家裡的話，有時需要自備電腦、網路線、工作空間等

> 基本上只要有電腦和網路就能工作，
> 但考量到長時間作業的情況，有時還是
> 需要舒適的工作環境，要準備的東西也比較多

桌椅等工作設備
準備好了嗎？

有視訊會議用的
麥克風和攝影機嗎？

有時還需要
獲得家人的理解

● 遠距工作的準備（資訊安全）

　　要把辦公室的工作帶回家，就不得不重視資訊安全的問題。有些公司的遠距工作政策是讓員工把在公司用的電腦或平板寄回家裡。這麼做可以直接使用平時慣用的器材，還能省下轉移資料的工夫，但也會面臨設備遺失、被盜和資料外洩的風險。另外員工若在家裡用辦公電腦訪問不安全的網站，也可能讓電腦感染病毒。

因此必須規劃用VPN連接公司內部網路、安裝防毒軟體等等策略，並盡量避免用紙本留下辦公資料等，**確實制訂資安規則和工具**。

溝通

遠距工作時團隊成員間的溝通主要仰賴**文字通訊軟體**和**視訊通話**。目前常用的通訊軟體有Chatwork或Slack，而視訊通話軟體則有Zoom或Microsoft Teams等等。

此外，不限於職場內部，在面試和與外部公司開會等情況，也常常使用視訊通話。

總結

▣ **不受時空間限制的彈性辦公型態正逐漸流行**

▣ **正確理解遠距工作的好處和缺點，公司和員工每個人的心態和自律也很重要**

遊戲開發的職種大略分為企劃職和開發職兩種。企劃職包含企劃人員、遊戲總監、製作人等，負責管理遊戲企劃和團隊；而開發職則有程式人員、美術人員、聲音人員等，具備特定專業技能的職務。以下將介紹如何在各職種齊聚的遊戲產業進行職涯規劃。

　　例如企劃職的話，通常會從負責規劃遊戲功能、最基本的企劃人員做起，累積經驗，然後升上負責指揮其他企劃成員的部門主管。接著，可再以負責追求遊戲趣味性的遊戲總監，或是負責統領整個開發團隊的製作人為目標。另一方面，程式和美術等開發職也跟企劃職差不多，都是先從能發揮自己專業技能的底層職務做起，再往上升任自己部門的管理職。在開發職體系的話，升上主管後，接下來可選擇轉換跑道至企劃職體系，以成為遊戲總監或製作人為目標，或是進一步提升自己的專業技術，成為開發職的專家。

　　假如你的夢想是「製作自己發想的遊戲」或「帶領一個遊戲團隊」的話，不論是從哪個職種起步，最後的目標都是成為遊戲總監或遊戲製作人。待在開發職體系成為不可替代的專家，或是累積各式各樣的經歷，最後轉換到企劃職體系以遊戲總監或製作人為目標，這兩種選擇都有很多條路徑可選。請想想自己想做的事情和技能後再來決定。

　　以筆者自己（程式職）為例，最開始是以打工方式成為替遊戲除錯的除錯人員進入遊戲業，接著學會了寫程式後當上遊戲軟體工程師，經過不斷磨練專業技能之後成為了主管工程師。但不管選擇哪條道路，最重要的都是「喜歡遊戲」的心情。所以無論你是未來打算進入遊戲產業，還是已經在遊戲業工作，正在規劃職涯道路的人，仔細想好「我未來想這樣！」後再制訂計畫才是最重要的。

7

未來的手機遊戲

6～10 劃

參考文獻

■ 遊戲引擎
開發手機遊戲常用的遊戲引擎。
- Unity
https://unity.com/solutions/game/
- Unreal Engine 4
https://www.unrealengine.com/

■ 雲端服務商
手機遊戲常用的雲端服務。
- AWS
https://aws.amazon.com/tw/
- Firebase
https://firebase.google.com/
- Google Cloud
https://cloud.google.com/

■ 資訊共享、通訊工具
手機遊戲開發現場常用的資訊共享、專案管理、臭蟲追蹤以及通訊工具。
- Confluence
https://www.atlassian.com/software/confluence
- Backlog
https://backlog.com/
- Chatwork
https://go.chatwork.com/zh-tw/
- Slack
https://slack.com/intl/zh-tw/
- Zoom
https://zoomnow.net/
- Google Meet
https://workspace.google.com/products/meet/
- Microsoft Teams
https://www.microsoft.com/zh-tw/microsoft-teams/group-chat-software
- Jira
https://www.atlassian.com/software/jira
- Google試算表
https://www.google.com.tw/intl/zh-TW/sheets/about/

■ 素材資源
遊戲引擎的素材商店和由Unity Technologies Japan免費發行的素材「Unity chan」。
- Unity Asset Store
https://assetstore.unity.com/
- UE Marketplace
https://www.unrealengine.com/marketplace/en-US/store
- Unity chan
https://unity-chan.com/

■ 原始碼版本控制系統
代表性的原始碼管理服務。

■ GitHub
https://github.com/
- BitBucket
https://bitbucket.org/
- GitLab
https://about.gitlab.com/

■ 聲音
開發手機遊戲常用的聲音引擎。
- Wwise
https://www.audiokinetic.com/products/wwise/
- CRI ADX2
https://www.criware.com/en/products/adx2.html

■ 持續整合工具
手機遊戲的開發過程中經常會使用的自動化建置工具。
- Jenkins
https://www.jenkins.io/
- CircleCI
https://circleci.com/

■ App分析工具
經常用來分析手機遊戲KPI指標的工具。
- AppsFlyer
https://www.appsflyer.com/
- Repro
https://repro.io/
- Adjust
https://www.adjust.com/

■ 行動平台的開發者官網
iPhone和Android各自的開發者官網。
- Apple Developer
https://developer.apple.com/
- Android Developers
https://developer.android.com/

■ 社群網站
具代表性的社群網路平台。
- Twitter
https://twitter.com/
- Line
https://line.me/zh-hant/
- Instagram
https://www.instagram.com/
- TikTok
https://www.tiktok.com/zh-Hant-TW/
- YouTube
https://www.youtube.com/

結 語

感謝你購買本書，並耐心讀到最後。

希望看完本書，有幫助你了解手機遊戲開發的整體圖像。

手機遊戲業界的規模變得愈來愈大，正處於一點風吹草動潮流就會大幅改變的激震期。隨著硬體的進化，手機遊戲只花了十年就經歷完主機遊戲數十年的發展史。隨著遊戲規模變大，開發費用也跟著高漲，光靠日本國內的市場已難以打平收支，愈來愈重視以國際市場為目標的企劃。話雖如此，只要改變觀點，或是活用過去累積的開發知識和know-how，手機遊戲產業也還存在許多拓展市場的可能性。因此學好基礎知識、加以磨練，並保持對新事物的好奇心非常重要。

請以本書中介紹的內容為基礎，不斷地提升自己。也許幾年後就連「手機遊戲」這個概念本身也會遭到顛覆，但不管身在什麼時代，只要充實自己，無論環境如何改變都不用擔心被淘汰。

換個話題，我想稍微聊聊手機遊戲開發活動本身。

不只是手機遊戲，只要是在進行創作的人，基本上都永遠避不開意外和各種突發狀況，很少能一帆風順地按照計畫進行。假如是團隊開發的話，還需要跟其他人溝通、交換意見，使狀況變得更加困難。因此既會出現成功的案例，也可能發生滑鐵盧，讓一切努力付諸流水。

即便如此大家還是不斷堅持下去，這都是因為我們相信仍有人真心喜愛我們的遊戲，因我們的遊戲而歡笑。

就算這款遊戲在商業上不成功（組織認為是失敗品），開發者也希望自己的遊戲能給更多人帶來幸福。

而創作者這種生物，基本上就是自我的集合體。

我想每一位創作者對於創作的根本體驗、成功體驗都不一樣。這些體驗也許來自某些連創作者本人都早已遺忘的微小、遙遠過往的經歷。但即使如此，那些最原始卻閃閃發光的經歷卻會化作甜美的回憶，而且至今一定仍潛藏在心底深處。

而創作者們正是為了再度品嘗那甜美的感覺，才會不斷挑戰下一個作品。

◯ 輸出（Output）的重要性

　　相信會購買本書的讀者，應該大多都是想從事手機遊戲開發，成為一名創作者的人才對。

　　若是如此，請你摸著自己的胸口回想一下。

・自己至今究竟輸出了什麼、又輸出了多少東西？
・你曾給人看過你的作品，尋求過他們的回饋嗎？

　　這兩件事，是對創作者而言是最重要的2個行動。無論創作出來的東西多麼微不足道，品質多麼差勁都沒關係。

　　將自己腦中發想出來的原創作品，從毫無頭緒的狀態幾經嘗試後做出成品。光是能完成這個過程，就代表你已經具備天分了。請給自己一點自信。從零創作某種事物的行為其實比你以為得要困難很多，這世上會「想」的人很多，但實際「做了」的人很少。

　　首先設想完成後的模樣，檢討實現的方法並執行，然後完成它。這過程看起來是不是很眼熟？沒錯，這其實就是手機遊戲開發最宏觀的流程。當然規模和完成品不一樣，但根本上是相同的。

　　然後，接著請把你的作品拿給其他人看，徵求他們的意見。只要能做到這一步，你就已經算是一名創作者了。

　　不論做出多麼傑出的作品，如果不拿給別人看，你的世界就永遠不會變得更寬闊。有些東西只有從別人的角度才看得到。展示給其他人，吸取對方的意見，更新自己的視野。然後以此為基礎繼續挑戰下一個作品。

　　手機遊戲開發也是同樣的。完成作品後要發行上市，然後吸取玩家們的意見，用來改善營運。

　　這些意見中可能會有很多嚴厲的批評，而我們應該去思索如何解決它、改善它才能讓其他人更享受我們的作品。必須不停思考，不停往前走。

　　為了避免誤解，在此提醒一下，意見跟謾罵是不一樣的東西。不需要對所有回饋來者不拒。檢討為何對方會說出那樣的酸言酸語的確有其價值，但那又是另外一回事。

　　如果你以後想成為一名創作者，請隨時把這兩點放在心中。即便你最後沒有在手機遊戲行業工作，這個體驗也一定會成為你的血肉。

　　筆者由衷期盼本書能成為你開發遊戲的「第一張地圖」。非常感謝你的閱讀。

| 著者介紹 |

永田峰弘

以聲音製作師一職進入遊戲業界，現從事以行動平台和手機遊戲為主的企劃、監製工作。曾參與製作TAITO、KAYAC、DeNA等公司出品的遊戲作品，現今仍活躍於遊戲業界中。以手機遊戲的遊戲設計為中心拓展活動範圍，亦從事VR的研究開發。2018年開發了以高端市場為目標的VR遊戲「VoxEl」，並在CEDEC 2019上發表。喜歡喝用酒粕釀的甜酒。

● 給讀者的話……………………………………………………………………………………

非常感謝你拿起本書，並堅持讀到這一頁。本次我分享了自己在遊戲產業的經驗和一些學習心得。如果這些經驗能夠對你有點幫助的話，我會非常高興。

假如以後你在哪裡見到我的話，請不用客氣，儘管叫我一聲。不如說要是被自己的讀者假裝不認識地用同情的眼神關愛，我會覺得非常丟臉的，所以請務必叫我一聲！作為報答，我說不定會不小心分享一些這本書裡沒有寫到的知識喔。

然後有機會的話，希望我們能一起創造有趣的事物。

大嶋剛直

1984年生於千葉縣，館山人。從遊戲專門學校畢業後，進入株式會社Land Ho!，參與開發了多款家用主機遊戲。後加入DeNA以國內外手遊的開發和營運業務為中心，負責領導客戶端的開發工作。現仍繼續在遊戲業界擔任手機遊戲和虛擬Youtuber事業等的開發主管工程師。著有《作って学べるUnity VRアプリ開発入門（邊做邊學的Unity VR App開發入門）》、《UE & Unityエンジニア養成読本（UE & Unity工程師養成讀本）》（技術評論社）

● 給讀者的話……………………………………………………………………………………

非常感謝您購買本書。

從喜歡玩遊戲到以遊戲為本業──對於未來以進入遊戲產業為目標的學生們，以及已經活躍於遊戲產業的現役創作者們，不論你是何者，都希望本書能加深你對遊戲開發工作的理解和認識。不過，本書所寫的內容並不一定就是全部。

像是工作型態之類的部分，說不定未來還會繼續改變。遊戲產業是每年都有新技術和新硬體出現，不停在快速變化的行業。而將來推動遊戲產業革新的或許就是正在閱讀本書的你。期待未來有一天能與你一起開發遊戲。

福島光輝

曾於卡普空、科樂美、Square Enix、DeNA等公司開發家用主機、PC、手機遊戲。從Famicom時代就開始接觸遊戲開發，至今仍以工程師身分在友人創立的公司開發App和遊戲。同時也在自己創立的公司傾力於教育工作，在專門學校擔任講師教授遊戲製作。著有《最速詳解Unity 2020スタートブック（最速詳解Unity 2020入門書）》（技術評論社）

● 給讀者的話 ···

我常常對自己在專門學校的學生們說，假如你想以做遊戲為職業的話，那現在就開始動手。現在這個時代，只要有一台電腦，就算不進遊戲公司工作也能自己製作遊戲上市販賣。而假如你發現自己真的喜歡做遊戲，以後可以進遊戲公司工作，也可以自己創業。

假如你知道做遊戲也需要用到數學，那就會發現學校教的數學是有用的。單純學習三角函數卻不知道它能用來幹嘛，就很難理解它。然而若知道三角函數可利用圓在遊戲中設定怪物的移動路徑，就會更有動力去學習數學。英文也是，假如知道製作遊戲需要懂英文，那麼學生就會更認真去聽課。寫程式時要接觸的訊息幾乎絕大多數都是英文。物理也一樣。不懂物理就不知道怎麼讓球在畫面上移動。看到教科書中火星文一般的定理實際在畫面上動起來時，真的會有種莫名的感動。現在書店和網路上到處都找得到做遊戲需要的資訊，請馬上展開行動吧。

國家圖書館出版品預行編目資料

手遊開發: 從架構到行銷的49堂課 / 永田峰弘,
　大嶋剛直, 福島光輝著 ; 陳識中譯. -- 初版.
　-- 臺北市 : 臺灣東販股份有限公司, 2022.01
　240面 ; 14.8×21公分
　譯自 : モバイルゲーム開発がこれ1冊でし
　っかりわかる教科書
　ISBN 978-626-304-987-1 (平裝)

　1.線上遊戲 2.電腦程式設計

312.8　　　　　　　　　　　　110019757

日文版STAFF

- 裝幀 ──────── 井上新八
- 內文設計 ──────── BUCH$^+$
- 內文插畫 ──────── linkup
- DTP ──────── linkup
- 編輯 ──────── 原田崇靖

手遊開發
從架構到行銷的49堂課

2022年1月1日初版第一刷發行

著　　者　永田峰弘、大嶋剛直、福島光輝
譯　　者　陳識中
編　　輯　劉皓如
特約美編　鄭佳容
發 行 人　南部裕
發 行 所　台灣東販股份有限公司
　　　　　＜地址＞台北市南京東路4段130號2F-1
　　　　　＜電話＞(02) 2577-8878
　　　　　＜傳真＞(02) 2577-8896
　　　　　＜網址＞http://www.tohan.com.tw
郵撥帳號　1405049-4
法律顧問　蕭雄淋律師
總 經 銷　聯合發行股份有限公司
　　　　　＜電話＞(02) 2917-8022